高等院校数据科学与大数据专业"互联网+"创新规划教材

大数据分析

王道平　宋雨情　主　编

北京大学出版社
PEKING UNIVERSITY PRESS

内 容 简 介

本书以大数据分析的相关理论和方法为主线,首先介绍了大数据分析所需的预备知识和常用的降维方法,然后介绍了数据挖掘、时间序列分析、人工神经网络等大数据分析方法,最后介绍了大数据分析和大数据可视化的常用工具,并讲解了其相应的操作。

本书既可以作为高等院校和高职院校数据科学与大数据、大数据管理与应用、软件工程及相关专业的教材,也可以供系统分析师、系统架构师、软件开发工程师和项目经理以及其他学习大数据技术的读者阅读和参考。

图书在版编目(CIP)数据

大数据分析/王道平,宋雨情主编. —北京:北京大学出版社,2022.8
高等院校数据科学与大数据专业"互联网+"创新规划教材
ISBN 978-7-301-32850-7

Ⅰ.①大… Ⅱ.①王…②宋… Ⅲ.①数据处理—高等学校—教材 Ⅳ.①TP274

中国版本图书馆 CIP 数据核字(2022)第 015042 号

书　　　名	大数据分析	
	DASHUJU FENXI	
著作责任者	王道平　宋雨情　主编	
策 划 编 辑	郑　双	
责 任 编 辑	郑　双	
数 字 编 辑	蒙俞材	
标 准 书 号	ISBN 978-7-301-32850-7	
出 版 发 行	北京大学出版社	
地　　　址	北京市海淀区成府路 205 号　100871	
网　　　址	http://www.pup.cn　新浪微博:@北京大学出版社	
电 子 信 箱	pup_6@163.com	
电　　　话	邮购部 010-62752015　发行部 010-62750672　编辑部 010-62750667	
印 刷 者	河北文福旺印刷有限公司	
经 销 者	新华书店	
	787 毫米×1092 毫米　16 开本　13.5 印张　324 千字	
	2022 年 8 月第 1 版　2022 年 8 月第 1 次印刷	
定　　　价	39.00 元	

前　　言

　　近年来，随着移动互联网、物联网以及云计算的快速发展，大数据理论和技术成了学术界、产业界以及政府部门关注的热点之一。大数据产业的发展正从理论研究阶段加速进入应用阶段，大数据产业相关的政策内容已经从全面、总体的指导规划逐渐向各大行业、细分领域延伸，物联网、云计算、人工智能、5G 与大数据的关系越来越近。2021 年，中国信息通信研究院第六次发布了《大数据白皮书》，集中介绍了我国大数据的最新发展态势和成果。2019 年，中国大数据发展指数正式发布，该指数是全国第一个将全网数据与统计数据相融合、全景式展示城市大数据"画像"的大数据发展指数，通过大数据的方式对中国各个城市的大数据发展水平进行量化评估。在学术界，我国多所高校纷纷建立了大数据与人工智能学院，设立了数据科学与大数据或大数据技术与应用等专业；在产业界，IBM、阿里巴巴等知名企业都提出了各自的大数据解决方案。大数据已经渗透到当今各行业和业务职能领域，成为重要的生产因素，而大数据分析方法和工具对于企业全面准确地掌握经济运行状态和发展变化，促进管理水平提高，具有十分重要的意义。

　　本书共分 8 章，建议课堂教学 36 学时，课外实验 12 学时。本书内容包括了以下 5 个部分。

　　第 1 部分是大数据分析概论，由第 1 章构成，介绍了大数据分析的背景和大数据的基本特征，在比较了大数据分析与传统数据分析之后，对大数据分析的几种基本原理进行了介绍。最后介绍了大数据分析的对象、过程和价值。本部分建议讲授 2 个学时。

　　第 2 部分是大数据分析预备知识，由第 2 章构成，介绍了大数据分析所涉及的统计学知识，如假设检验、方差分析等。本部分建议讲授 6 个学时。

　　第 3 部分是大数据分析常用降维方法，由第 3 章构成，介绍了大数据分析中常用的降维方法，分别是线性判别分析、主成分分析和因子分析，并阐述了这些方法的思想和计算过程。本部分建议讲授 4 个学时，课外实验 2 个学时。

　　第 4 部分是大数据分析方法，由第 4～6 章构成，介绍了大数据分析的常用方法以及时间序列分析和人工神经网络在大数据分析中的应用。本部分建议讲授 16 个学时，课外实验 4 个学时。

　　第 5 部分是大数据分析和可视化的常用工具，由第 7～8 章构成，介绍了常用的大数据分析工具和可视化工具，主要包括 Python、Tableau、ECharts 等，并通过案例予以说明。本部分建议讲授 8 个学时，课外实验 6 个学时。

　　本书由北京科技大学王道平和宋雨情担任主编，负责设计全书结构、制定写作提纲、

组织编写工作和最后统稿，参加编写和资料整理的人员还有李明芳、陈华、赵超、蒋中杨、王婷婷、王晨宇、徐良越、蔚婧文、刘欣楠、张可、丁婧一、尹一博、李新宇、李新月、南瑞娟、张运环、刘青阳等。

本书得到了北京科技大学规划教材项目的支持，在编写过程中参阅了大量的书籍和相关资料，在此向各位作者表示真诚的谢意。本书在出版的过程中，得到了北京大学出版社的大力支持，在此表示衷心的感谢。由于编者水平有限，书中难免存在疏漏之处，恳请广大读者批评指正。

编者

2022 年 2 月

资源索引

本书课程思政元素

本书课程思政元素从"格物、致知、诚意、正心、修身、齐家、治国、平天下"的中国传统文化角度着眼，再结合社会主义核心价值观"富强、民主、文明、和谐、自由、平等、公正、法治、爱国、敬业、诚信、友善"设计出课程思政的主题，然后紧紧围绕"价值塑造、能力培养、知识传授"三位一体的课程建设目标，在课程内容中寻找相关的落脚点，通过案例、知识点等教学素材的设计运用，以润物细无声的方式将正确的价值追求有效地传递给学生，以期培养学生的理想信念、价值取向、政治信仰、社会责任，全面提高学生缘事析理、明辨是非的能力，把学生培养成为德才兼备、全面发展的人才。

每个思政元素的教学活动过程都包括内容导引、展开研讨、总结分析等环节。在课堂教学中，教师可结合下表中的内容导引，针对相关的知识点或案例，引导学生进行思考或展开讨论。

章节	内容导引（案例或知识点）	问题与思考	课程思政元素
第 1 章	大数据分析的重要性	1. 为什么说大数据分析是推动数字经济发展的关键生产要素？ 2. 为什么说大数据分析是实现治理能力现代化的重要创新工具？	专业与社会、专业与国家、科技发展、现代化
第 1 章	阅读案例 1-1　农夫山泉用大数据卖水	1. 农夫山泉怎么把数据变活？ 2. 农夫山泉如何通过整合业务与技术来发展壮大？	适应发展、求真务实、科技发展
第 1 章	阅读案例 1-2　知名企业如何利用大数据分析	1. 大数据分析对客户管理的重要性体现在哪里？ 2. 大数据分析如何助力营销策略制定？	专业能力、科技发展、现代化
第 2 章	假设检验方法的概念和应用	1. 假设检验的目的和意义是什么？ 2. 举例说明假设检验在实际中的应用有哪些	专业能力、科技发展、现代化
第 2 章	方差分析方法	1. 方差分析的概念和科学意义是什么？ 2. 举例讨论方差分析在实际中的应用	专业能力、科技发展、现代化
第 2 章	阅读案例 2-1　假设检验在粉笔质量判断中的应用	1. 假设检验如何科学地进行质量合格判定？ 2. 查找资料，讨论假设检验在其他领域的应用	科学精神、求真务实、经济发展
第 3 章	主成分分析方法的原理	1. 主成分分析方法的基本思想和基本原理是什么？ 2. 主成分分析方法的主要步骤有哪些？	科学精神、求真务实、经济发展

章节	内容导引（案例或知识点）	问题与思考	课程思政元素
第 3 章	阅读案例 3-1　顾客感知价值构成维度的因子分析	1. 顾客感知价值模型的维度有哪些？ 2. 讨论：安全价值在顾客感知价值模型中的重要性	企业文化、安全意识
第 4 章	关联分析方法及其应用	1. 关联分析的概念和应用领域分别是什么？ 2. Apriori 算法的基本思想和步骤分别是什么？	科学精神、求真务实、经济发展
第 4 章	聚类分析方法及其应用	1. 聚类分析常用的方法有哪几种？ 2. 讨论阅读案例 4-2 "特易购的精准定向"，阐述聚类分析的重要作用	专业能力、科技发展、经济发展
第 5 章	时间序列分析方法	1. 时间序列的概念是什么？ 2. 时间序列在经济分析中有什么重要作用？	科学精神、求真务实、经济发展
第 5 章	阅读案例 5-1　指数平滑法应用举例	1. 指数平滑法有哪几种类型？ 2. 举例说明指数平滑法的应用领域	科学精神、求真务实、经济发展
第 6 章	人工神经网络的概念	1. 人工神经网络产生的背景是什么？ 2. 人工神经网络有哪些应用优势？	科学精神、求真务实、经济发展
第 6 章	阅读案例 6-1　人工神经网络的机理	1. 人工神经网络的基本原理是什么？ 2. 讨论：人工神经网络与人类识别机理的异同点	科学精神、求真务实、经济发展
第 6 章	阅读案例 6-2　人工神经网络的未来前景	1. 人工神经网络的优点和缺点是什么？ 2. 讨论：人工神经网络的发展前景和应用领域	专业能力、科技发展、现代化、经济发展
第 7 章	常用的大数据分析工具	企业如何用大数据分析工具做决策？	科学精神、求真务实、经济发展
第 7 章	阅读案例 7-1　亚马逊的"信息公司"	1. 讨论：数据驱动在亚马逊业务中的重要作用。 2. 讨论：亚马逊对数据长期专注的重要意义	科学精神、求真务实、经济发展
第 7 章	阅读案例 7-2　Arby's 使用 Tableau 绘制零售成功案例	1. 讨论：大数据分析工具 Tableau 给 Arby's 公司带来的好处。 2. 讨论：Tableau 在大数据分析中的优势	专业能力、科技发展、现代化、经济发展
第 8 章	大数据可视化的概念和意义	1. 大数据可视化的概念是什么？ 2. 大数据可视化的重要意义有哪些？	专业能力、科技发展、现代化、经济发展
第 8 章	阅读案例 8-1　疫情可视化	1. 讨论：大数据可视化的作用有哪些？ 2. 讨论：数据分析工具 Tableau 中的可视化功能有哪些？	创新意识、职业精神、可持续发展

目　　录

第1章
大数据分析概论

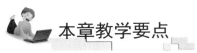 本章教学要点

知识要点	掌握程度	相关知识
大数据分析的产生背景	了解	从数据量、数据价值和商业变革需要大数据支撑3个方面了解大数据分析的背景
大数据分析的基础	掌握	从理论、技术和实践3个层面理解大数据
大数据分析的概念	了解	对传统数据分析和大数据分析进行对比,了解影响大数据分析的因素
大数据分析的基本原理	了解	了解大数据分析遵循的4个基本原理
大数据分析的对象	掌握	分别从互联网、政府、企业和个人4个方面来描绘大数据分析的对象
大数据分析的过程	掌握	掌握大数据分析过程的主要活动
大数据分析的价值	掌握	分别从业务角度、时间维度和行业应用3个方面掌握大数据分析的价值

重要知识点图谱

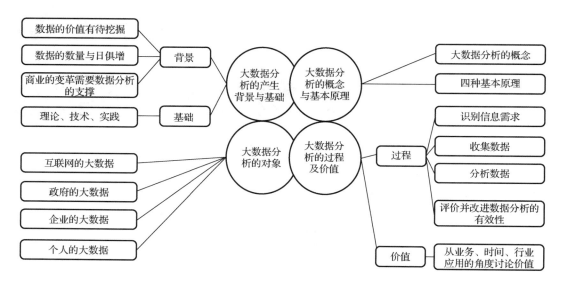

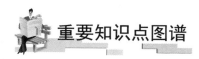
阅读案例 1-1

农夫山泉用大数据卖水

在上海城乡接合部九亭镇新华都超市的一个角落，农夫山泉的矿泉水静静地堆放在这里。农夫山泉的业务员每天例行公事地来到这个点，拍摄 10 张照片，内容包括水堆的摆放、位置的变化、水堆的高度等。这样的点每个业务员一天要跑 15 个，按照规定，下班之前 150 张照片就被传回杭州总部。每个业务员，每天会产生的数据量约在 10MB，这似乎并不是个大数字。但农夫山泉全国有 10000 个业务员，这样每天的数据量就是 100GB，每月约为 3TB。当这些图片如雪片般涌入农夫山泉在杭州的机房时，这家公司的首席信息官(Chief Information Officer，CIO)胡健就会有这样一种感觉：守着一座金山，却不知道从哪里挖下第一锹。

胡健想知道的问题包括：怎样摆放水堆更能促进销售？什么年龄的消费者在水堆前停留更久，他们一次购买的量有多大？气温的变化让购买行为发生了哪些改变？竞争对手的新包装对销售产生了怎样的影响？不少问题当前也可以回答，但它们更多的是基于经验，而不是基于数据。

从 2008 年开始，业务员拍摄的照片就这么被收集起来，如果按照数据的属性来分类，图片属于典型的非关系型数据。系统地对非关系型数据进行分析是胡健设想的下一步计划，这是农夫山泉在"大数据时代"必须迈出的一步。如果超市、金融公司与农夫山泉可以有某种渠道来分享信息，如果类似图片、视频和音频资料可以被系统分析，如果人的位置可以用更多的方式监测到，那么摊开在胡健面前的就是一幅基于人消费行为的画卷，而描绘画卷的是一组组复杂的"0，1，1，0，…"。

思爱普(System Applications and Products，SAP)全球执行副总裁、中国研究院院长孙小群接受《中国企业家》采访时表示，企业对于数据的挖掘使用分三个阶段，"第一个阶段是把数据变得透明，让大家看到数据，能够看到数据越来越多；第二个阶段是可以提问题，可以形成互动，有很多支持工具来帮我们做出实时分析；第三个阶段是用信息流来指导物流和资金流，让数据告诉我们未来，告诉我们往什么地方走"。

SAP 从 2003 年开始与农夫山泉在 ERP 系统方面进行合作。彼时，农夫山泉仅仅是一个软件采购和使用者，而 SAP 还是服务商的角色。到 2011 年 6 月，SAP 和农夫山泉开始共同开发基于"饮用水"这个产业形态中，运输环境的数据场景。

关于运输的数据场景到底有多重要呢？将自己定位成"大自然搬运工"的农夫山泉，在全国有十多个水源地。农夫山泉把水灌装、配送、上架，一瓶超市售价 2 元的 550ml 饮用水，其中就有 0.3 元花在了运输上。在农夫山泉内部，有着"搬上搬下，银子哗哗"的说法。如何根据不同的变量因素来控制自己的物流成本，成为农夫山泉要解决的核心问题。

基于上述场景，SAP 团队和农夫山泉团队开始了场景开发，他们将很多数据纳入了进来：高速公路的收费、道路等级、天气、配送中心辐射半径、季节性变化、不同市场的售价、不同渠道的费用、各地的人力成本，甚至突发性的需求(如某城市召开大型运动会)。

在没有实时数据支撑时，农夫山泉在物流领域花了很多冤枉钱。例如，某个小品相的产品(350ml 饮用水)，在某个城市的销量预测不到位时，公司往常的做法是通过大区间的调运，来弥补终端货源的不足。"华北往华南运，运到半道的时候，发现华东实际有富余，从华东调运更便宜。但很快发现对华南的预测有偏差，华北短缺更为严重，华东开始往华北运。此时如果太湖突发一次污染事件，很可能华东又出现短缺。"

这种状况让农夫山泉团队头疼不已。在采购、仓储、配送这条线上，农夫山泉特别希望能通过大数据来解决三个顽症：首先，解决生产和销售的不平衡，准确获知该生产多少，送多少；其次，将 400 家办事处、30 个配送中心纳入体系中来，形成一个动态网状结构，而非简单的树状结构；最后，让退货、残次等问题与生产基地实时连接起来。也就是说，销售的最前端成为一个个"神经末梢"，它的任何一个痛点，都能被"大脑"快速感知。

"日常运营中，我们会产生销售、市场费用、物流、生产、财务等数据，这些数据都是通过工具定时抽取到 SAP BIW(Business Information Warehouse，商务信息仓库)或 Oracle DM 中，再通过 Business Object 展现。"胡健表示，这个"展现"的过程长达 24 小时，也就是说，在 24 小时后，物流、资金流和信息流才能汇聚到一起，彼此关联形成一份有价值的统计报告，这样的速度导致农夫山泉每个月的财务结算都要推迟一天。更重要的是，胡健等农夫山泉的决策者们只能依靠数据来验证以往的决策是否正确，或者对已出现的问题给予纠正，但仍旧无法预测未来。

2011 年，SAP 推出了创新性的数据库平台 SAP Hana，农夫山泉则成为全球第三个、亚洲第一个上线该系统的企业，并在当年 9 月宣布系统对接成功。胡健选择 SAP Hana 的目的只有一个：快些，再快些。采用 SAP Hana 后，同等数据量的计算速度从过去的 24 小时缩短到了 0.67 秒，几乎可以做到实时计算结果，这让以前很多不可能实现的事情成了可能。

这些基于饮用水行业的实际情况反映到孙小群这里时，这位 SAP 全球研发的主要负责人非常兴奋。基于饮用水的场景，SAP 并非没有案例，雀巢就是 SAP 在全球范围内的长期合作伙伴。但是，欧美发达市场的整个数据采集、梳理、报告已经相当成熟，上百年的运营经验让这些企业已经能从容面对任何突发状况，它们对新数据解决方案的渴求不如中国公司强烈。

这对农夫山泉董事长钟睒睒而言，精准地管控物流成本将不再局限于已有的项目，也可以针对未来的项目。这位董事长将手指放在一台平板电脑显示的中国地图上，随着手指的移动，建立一个物流配送中心的成本随之显示出来。实时数据在不断飞快地变化，好像手指移动产生的数字涟漪。

以往，钟睒睒的执行团队也许要经过长期地考察、论证，才能形成一份报告提交给董事长，给他几个备选方案，到底设在哪座城市，还要凭借经验来进行判断。但现在，起码从成本方面已经一览无遗，剩下的可能是当地政府与农夫山泉的友好程度等一些无法测量的因素。

有了强大的数据分析能力做支撑后，农夫山泉近年以 30%～40% 的年增长率增长，在饮用水方面快速超越了原先的三甲：娃哈哈、乐百氏和可口可乐。对于胡健来说，下一步他希望由业务员们搜集来的图像、视频资料可以被利用起来。

SAP 迅速将农夫山泉场景中积累的经验复制到神州租车身上。"我们客户的车辆使用率在达到一定百分比之后出现瓶颈，这意味着还有相当比率的车辆处于空置状态，资源尚有优化空间。通过合作创新，我们用 SAP Hana 为它们特制了一个算法，优化租用流程，帮助它们打破瓶颈，将车辆使用率再次提高了 15%。"

（资料来源：http://www.linkshop.com.cn/(2b3ngf55mbkywy45d25oafzp)/web/Article_News.aspx?ArticleId=248968.[2021-9-1]）

大数据是一种规模大到难以用传统信息技术进行有效管理，大大超出传统数据库软件工具能力范围的数据集合。知名咨询机构麦肯锡曾对大数据给出了一个明确的定义："大数据就是一种规模大到在获取、存储、管理、分析方面大大超出了传统数据库软件工具能力范围的数据集合，具有海量的数据规模、快速的数据流转、多样的数据类型和低价值密度四大特征。"中国信息通信研究院在《中国大数据发展调查报告(2018 年)》中指出：2017 年中国大数据产业总体规模为 4700 亿元人民币，同比增长 30%；2017 年大数据核心产业规模为 236 亿元人民币，增速达 40.5%。接近 2/3 的企业已经成立了相关的数据分析部门，企业对数据分析的重视程度进一步提高，许多大企业已经成立了数据分析部门。面对复杂的市场，企业只有对大数据进行必要的处理和有效的分析才能获得其所隐含的价值，才能在激烈的市场竞争中获得优势。

1.1　大数据分析的产生背景与基础

大数据分析是数学与计算机科学相结合的产物，在 20 世纪早期就已确立，但直到计算机的出现才使得实际操作成为可能，并使得大数据分析得以推广。在学习大数据分析时，应该首先了解它的产生背景和基础。

1.1.1　大数据分析的产生背景

大数据分析的产生有其深刻的时代背景和历史的必然性，是信息技术的发展变革和商务应用需求驱动的必然结果。

1. 数据的价值有待挖掘

随着物联网、移动互联网的发展，人们行为活动的数字化程度越来越高，由此产生的数据量也越来越大，人类社会已经进入数据时代。除了数据体量大，数据类型也越来越丰富，包括交易数据、金融数据、身份数据、车载信息服务数据、时间数据、位置数据、射频识别数据、遥测数据和社交网络数据等。数据正在迅速膨胀并变大。随着时间的推移，企业将越来越深刻地意识到数据对企业的重要性。维克托·迈尔-舍恩伯格在《大数据时代》一书中举了诸多例证，都是为了说明一个道理：在大数据时代已经到来时，要用大数据思维去发掘大数据的潜在价值。

"三分技术，七分数据，得数据者得天下"，大数据就是企业的核心竞争力。全世界都在高呼大数据时代来临的优势。例如，一家超市通过分析顾客的购物数据，将啤酒与尿不湿放在一起销售，神奇地提高了两者的销售额。实际上，数据已经无处不在，人们的衣食住行、喜怒哀乐都以数据的形式被记录下来。人们通过数据来记录这个世界，再通过研究数据去重新发现这个世界。

2. 数据的数量与日俱增

随着物联网、社交网络和云计算等技术不断融入人们的生活，加之现有的计算能力、存储空间和网络带宽的高速发展，人类在互联网、通信、金融、商业和医疗等诸多领域的数据不断地增长和累积。互联网搜索引擎每天都会处理数以亿计的搜索请求；全世界通信网的主干网上一天就有数万 TB 的数据在传输；遍及世界各地的数以千计的大型商场每周都要处理数亿笔交易；医院、药店等每天都会产生庞大的数据量，如医疗记录、病人资料、医疗影像等。随着信息技术的高速发展，数据库容量的不断扩大，互联网作为信息传播的平台，出现了"信息泛滥""数据爆炸"等现象。海量的数据信息使得人们难以快速做出抉择，信息冗余、信息安全、信息统一等问题也随之而来。人们不仅希望能够从大数据中获取有价值的信息，更希望从中能发现一些更深层次的规律。

3. 商业的变革需要数据分析的支撑

在大数据技术的驱动下，传统终端制造业必须朝着智能化的方向迈进，实现智能制造，

依靠数据的力量推动产品和商业模式的创新，从而改变过去单纯依靠产品的企业发展模式。早在 2015 年，北京集奥聚合科技有限公司的 CEO 林佳婕就曾提出，App 创业更需大数据分析支撑商业变革。现在很多 App 创业变得更加急功近利，不管是创业者，还是投资者，都希望通过最短的时间成本验证一个商业模式，然后挑战一个商业模式，而这些必须基于大量的数据支撑和分析才能完成。基于多元数据的分析和整合，能够实现更实效的全量数据的挖掘，体现出多元数据相互矫正的数据优势。云计算和大数据技术的融合，促使这种无形的价值得以实现，从而降低企业初期投入的基础设施、人力资源浪费等风险成本。

1.1.2　大数据分析的基础

大数据分析的基础就是大数据本身。因此，在学习大数据分析的相关知识之前，有必要了解大数据的基本概念。关于大数据的概念，众多书籍给出了各种定义和解释。实际上，大数据就是互联网发展至今的一种现象而已，在以云计算为代表的技术创新的衬托下，使得原本很难搜集和使用的数据开始容易被利用起来。通过各行各业的深度应用，大数据逐步为人类创造出更多的价值。

可以从以下 3 个层面理解和认知大数据。

第一个层面是理论。理论是认知的必经途径，也是被广泛认同和传播的基础。可以从各行业对大数据的整体描绘和定义，了解大数据现在的理论和技术以及未来的发展趋势。

第二个层面是技术。技术是大数据价值体现的手段和前进的基石。可以从云计算、分布式处理技术、存储技术和感知技术的发展，掌握大数据从采集、处理、存储到形成结果的整个过程。

第三个层面是实践。实践是大数据的最终价值体现。可以分别从互联网、政府、企业和个人 4 个方面来了解大数据应用的实际成果。

一般来说，大数据的特征可以归纳为 4 个 V，即 Volume(数量)、Variety(多样)、Value(价值)和 Velocity(速度)。

(1) 数据体量巨大。大数据的起始计量单位通常是 PB(1024TB)、EB(1024PB)或 ZB(1024EB)。百度的统计数据表明，其首页导航每天提供的数据量超过 1.5PB，这些数据如果打印出来将印满超过 5000 亿张 A4 纸。

(2) 数据类型繁多。数据来自多种数据源，如网络日志、视频、图片、地理位置信息等。数据种类和格式各异，既有半结构化数据，也有非结构化数据。现在的数据类型除了文本，更多的是图片、视频、音频、地理位置信息等多类型的数据，个性化数据占绝大多数。

(3) 价值密度低，商业价值高。随着各种可穿戴设备的开发，物联网、云计算和云存储等技术的发展，人和物的所有轨迹都可以被记录，数据因此被大量生产出来。但这些数据中，有价值的信息密度较低。以视频为例，一小时的视频监控，在不间断地监控过程中，可能有用的数据仅占一两秒。

(4) 处理速度快。在数据量非常庞大的情况下，能够实现数据的实时处理。数据处理遵循"1 秒定律"，也就是说，要在秒级时间范围内给出分析结果，时间太长就失去了价值。"1 秒定律"使得用户可从各种类型的数据中快速获得高价值的信息。

1.2　大数据分析的概念与基本原理

了解大数据分析的基本概念和掌握一些有效的大数据分析方法，并能灵活运用到实践工作中，对于开展大数据分析起着至关重要的作用。

1.2.1　大数据分析的概念

大数据分析是指用适当的统计分析方法对收集来的大量数据进行分析，提取有用的信息，并对数据加以详细研究和概括总结的过程。在实践中，大数据分析可以帮助人们做出判断，以便采取适当行动。从字面上看，"大数据"与"分析"两个词即为大数据分析基本概念的两个方面：一方面包括采集、加工和整理数据；另一方面包括分析数据，从中提取有价值的信息并形成对业务有帮助的分析报告。形象地说，分析是骨架，数据是血肉。通常来说，一份没有经过加工、整理、分析的数据毫无价值。而没有数据的分析，也难以做到言之有理、言之有据。

数据分析早已有之，在统计学领域，有些人将数据分析划分为描述性统计分析、探索性数据分析和验证性数据分析。其中，探索性数据分析侧重于在数据之中发现新的特征，而验证性数据分析则侧重于已有假设的证实或证伪。大数据分析和传统的数据分析相比，既有相同之处，也有不同之别。可以从以下 3 个方面对传统数据分析和大数据分析进行对比。

(1) 在分析方法上，两者并没有本质不同。传统数据分析的核心工作是人对数据指标的分析、思考和解读，但人脑所能承载的数据量是有限的。无论是传统数据分析，还是大数据分析，均需将原始数据按照分析思路进行统计处理，得到概要性的统计结果供人分析。两者的区别在于，原始数据量不同所导致处理方法的不同。

(2) 在对统计学知识的使用重心上，两者存在较大的不同。传统数据分析使用的统计知识主要围绕"能否通过少量的抽样数据来推测真实世界"这一主题展开，如衡量一次抽样统计的置信性(能否从统计概率的角度相信)等。在大数据时代，由于互联网和长尾经济的兴起，涌现出大量的个性化匹配场景，如购物网站的推荐系统。这些场景一方面可供划分的特征非常多(如用户的特征、商品的特征、场景的特征)，另一方面又累积了大量的历史样本，使得大数据分析的主题转变成"如何设计统计方案，可得到兼具细致和置信的统计结论"。

(3) 与机器学习模型的关系上，两者有着本质差别。传统数据分析在大部分情况下，只是将机器学习模型当黑盒工具来辅助分析数据(黑盒工具是软件领域的概念，只关心模块的输入和输出，但不清楚内部的实现原理)。而大数据分析，更多是两者的紧密结合，大数据分析产出的不仅包括一份分析报告，还包括业务系统中的建模潜力点，甚至产出模型的原型和效果评测，后续可基于此来升级产品。在大数据分析的场景中，数据分析往往是数据建模的前提，数据建模是数据分析的成果。

大数据分析是企业的一种能力，数据分析本身是一个过程，数据分析的本质是一种思想。影响大数据分析的因素有4个：技术和方法、数据应用、商务模式、制度和规则，如图1.1所示。

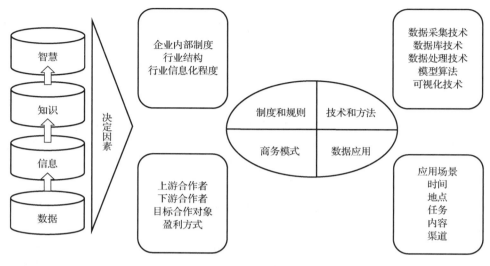

图 1.1　大数据分析的影响因素

技术和方法是指数据采集技术、数据库技术、数据处理技术、模型算法、可视化技术等，会在很大程度上影响大数据分析的结果。数据应用在一个企业、一个行业，甚至整个社会中被理解的程度、使用范围，决定了数据影响力能够达到的程度。好的商务模式可以为行业内外的数据应用、数据产品提供好的商业环境，帮助其成长；而坏的商务模式也可能毁掉一个好的数据产品。制度和规则既有国家层面的，如数据安全保障方面的法规，也有行规、企业内部制度等。这些制度和规则保障了数据能够被用在需要并且正确的地方，而不是被滥用。某种程度上，制度和规则的缺失也是造成数据安全问题、行业数据标准混乱的主要原因。

21世纪初，众多的咨询公司为企业客户做数据分析项目，基本不写程序，主要用 Excel 软件处理，最多在从数据库中获取原始数据时写 SQL 语句。近几年来，这些咨询公司处理数据的过程往往是确定分析思路，通过脚本编程(有时候用到分布式平台)处理庞大的原始数据(通常以日志方式存储)，得到少量的核心维度和指标的数据后，用 Excel 等软件处理分析这些指标结果，得出分析结论。

1.2.2　大数据分析的基本原理

大数据分析需要遵循一定的原理，主要有以下4种。

1. 数据核心原理

数据核心原理是指大数据时代数据分析模式发生了转变，从以流程为核心转变为以数据为核心。大数据产生的海量非结构化数据及分析需求，已经改变了信息系统的升级方式：从简单增量到架构变化。Hadoop 体系的分布式计算框架，正是以数据为核心的范式。大数据是利用众多技术和方法，综合源自多个渠道、不同时间的信息而获得的。为了应对新的挑战，需要新的统计思路和计算方法——用数据核心思维方式思考问题、解决问题。以数据为核心，反映了目前信息产业的变革，数据成为人工智能的基础，也成为智能化的基础，数据比流程更重要。

2. 数据价值原理

数据价值原理是指大数据分析不强调具体的功能，而是强调数据产生价值。从功能体现价值转变为数据体现价值，说明大数据的价值在扩大。数据被解释时是信息，信息常识化后是知识，因此数据解释、大数据分析能产生价值。数据分析能发现每一个客户的消费倾向，哪些又可以被集合到一起来进行分类。大数据是数据数量上的增加，以至于能够实现从量变到质变的转变。例如，一张照片，拍的是人在骑马，照片每 1 分钟、每 1 秒都要拍一张，但随着处理速度越来越快，变为 1 秒钟拍 10 张后，就产生了视频。当数量的增长实现质变时，就从一张静态的照片变成了一段动态的视频。

数据价值原理说明，需要用数据价值思维方式思考问题和解决问题。Decide.com 是美国的一家创新企业，它可以帮助消费者进行购买决策，告诉消费者什么时候买什么产品，预测产品的价格趋势。其实这家公司背后的技术就是大数据分析。该企业从全球各大网站上搜集数以亿计的数据，然后帮助数以万计的消费者省钱，为其采购寻找最佳时机，降低交易成本，为消费者带来价值。在这类模式下，尽管一些零售商的利润会进一步受挤压，但从商业本质上来讲，可以让消费者的购物回归理性，这是由大数据催生出的一项全新产业。美国有人开发了一款"个性化分析报告自动可视化"软件从网上挖掘数据信息，这款大数据挖掘软件将自动从各种数据中提取重要信息，然后进行分析，并把此信息与以前的数据关联起来，分析出有用的信息。

3. 预测原理

预测原理是指大数据分析使得很多事情从不能预测转变为可以预测。大数据分析，不是要教机器像人类一样思考，而是把数学算法运用到海量的数据上来预测事情发生的可能性。例如，微软大数据团队在 2014 年巴西世界足球赛前设计了世界杯模型，该预测模型准确预测了赛事最后几轮比赛的结果，包括预测德国队将最终获胜。预测成功归功于微软在世界杯进行过程中获取的大量数据，到了淘汰赛阶段，数据如滚雪球般增多，掌握了足够的有关球员和球队的信息，建立了适当的校准模型，用来调整接下来比赛预测的模型，并在预测中去除主观性。

数据预测原理说明，用大数据预测思维方式来思考问题、解决问题。以往的数据预测、数据记录预测、数据统计预测、数据模型预测、数据分析预测、数据模式预测、数据深层次信息预测等，已转变为大数据预测、大数据记录预测、大数据统计预测、大数据模型预测、大数据分析预测、大数据模式预测、大数据深层次信息预测。互联网、移动互联网和云计算机保证了大数据实时预测的可能性，也为用户提供了实时预测的信息、相关性预测的信息，让用户抢占先机。

4. 信息找人原理

信息找人原理是指通过大数据分析,将从前的从人找信息转变为现在的从信息找人。过去是通过搜索引擎查询信息,现在是通过推荐引擎,将合适的信息以合适的方式直接传递给合适的人。大数据分析还改变了信息优势。例如,过去患者只能依靠医生,因为医生知道得多。但现在患者只要在网上查询,就能大概了解自己得了什么病以及相应的治疗方法,这导致专家与普通人之间的信息优势逐渐弱化。谷歌有一个机器翻译团队,起初翻译之后的文字人们根本看不懂,但现在 60%的内容都能读得懂。大数据分析的其中一个核心目标是要从体量巨大、结构繁多的数据中挖掘出隐藏在其背后的规律,从而使数据发挥最大的价值。从人找信息到信息找人,是交互时代一个转变,也是智能时代的要求。信息找人原理本质上是要求大数据分析要以人为本,由计算机代替人去挖掘数据,从各种各样的数据(包括结构化、半结构化和非结构化数据)中快速获取有价值的信息。

1.3　大数据分析的对象、过程和价值

大数据主要来源于网络和各种传感器对特定对象的记录,它是关于人、组织和物(机器和自然界)在特定时间、地点的行为、过程、事件的事实数据。大数据分析是抓取和分析世界和人们生活的一种数据技术,它使人类具有全过程、全方位记录各种事件和行为的能力,具有透析过去和预测未来的能力。明确大数据分析的对象、过程以及具备的价值尤其重要。

1.3.1　大数据分析的对象

下面分别从互联网的大数据、政府的大数据、企业的大数据和个人大数据 4 个方面来描述大数据分析的对象。

1. 互联网的大数据

互联网上的数据逐年增长,而目前世界上大部分数据都是近几年才产生的。互联网上的大数据很难清晰地界定分类界限。以国内三大公司 BAT 的大数据为例,其主要的数据来源如下。

(1) 百度公司拥有两种类型的大数据:用户搜索的需求数据;爬虫获取的公共 Web 数据。百度公司围绕数据而生,通过对网页数据的爬取,网页内容的组织和解析,对搜索需求的精准理解,从而从海量数据中找出结果,以及能精准地投放搜索引擎关键字广告。百度公司目前面临的大数据问题是:更多的暗网数据;更多的 Web 化,但是没有结构化的数据;更多的 Web 化、结构化,但是封闭的数据。

(2) 阿里巴巴拥有大量的网上交易数据和信用数据,这两种数据更容易被利用和挖掘出商业价值。除此之外,阿里巴巴还通过投资入股等方式掌握了部分社交数据(如新浪微博)、移动数据(如高德地图)。

(3) 腾讯拥有用户关系数据和基于此产生的社交数据,通过这些数据可以分析用户的生活方式和行为,从中挖掘出政治、社会、文化、商业和健康等领域的信息,甚至预测未来。

在信息技术更为发达的美国，除了行业知名公司，还涌现了很多大数据类型的公司专门经营数据产品。

(1) Metamarkets 对支付、签到和一些与互联网相关的问题进行分析，为客户提供了很好的数据分析支持。

(2) Tableau 将海量数据以可视化的方式展现出来，为数字媒体提供一种新的展示数据的方式。它提供了一个免费工具，任何人在没有编程知识背景的情况下都能绘制出数据专用图表。该软件还能对数据进行分析，并提供有价值的建议。

(3) ParAccel 向美国执法机构提供数据分析，如对 15000 个有犯罪前科的人进行跟踪，从而向执法机构提供参考性较高的犯罪预测。

(4) QlikTech 旗下的 Qlikview 是一个商业智能领域的自主服务工具，能够应用于科学研究和艺术等领域。为了帮助开发者对这些数据进行分析，QlikTech 提供了对原始数据进行可视化处理等功能的工具。

(5) GoodData 主要面向企业用户，提供数据存储、性能报告和数据分析等工具。GoodData 致力于帮助客户从数据中挖掘财富。

(6) TellApart 和电商公司进行合作，对用户的浏览行为等数据进行分析，通过锁定潜在买家方式提高电商企业的收入。

(7) DataSift 收集并分析网络社交媒体上的数据，帮助品牌公司掌握突发新闻的舆论点，并制订有针对性的营销方案。这家公司还和 Twitter 有合作协议，使其变成了行业中为数不多的可以分析早期 Twitter 数据的创业公司。

综上所述，典型的互联网大数据主要包括以下几种。

(1) 用户行为数据，可用于精准广告投放、内容推荐、行为习惯和喜好分析、产品优化等。

(2) 用户消费数据，可用于精准营销、信用记录分析、活动促销、理财等。

(3) 用户地理位置数据，可用于 O2O 推广、商家推荐、交友推荐等。

(4) 互联网金融数据，可用于小额贷款、支付、信用、供应链金融等。

(5) 用户社交等用户生成数据，可用于趋势分析、流行元素分析、受欢迎程度分析、舆论监控分析、社会问题分析等。

2. 政府的大数据

政府的大数据被称为"未来的新石油"。一个国家拥有数据的规模、活性及解释运用的能力将成为综合国力的重要组成部分。未来，对数据的占有和控制甚至将成为陆权、海权、空权之外的另一种国家核心资产。在国内，政府各个部门都握有构成社会基础的原始数据，如气象数据、金融数据、信用数据、电力数据、煤气数据、自来水数据、道路交通数据、客运数据、刑事案件数据、住房数据、海关数据、出入境数据、旅游数据、医疗数据、教育数据、环保数据等。这些数据在每个政府部门里面看起来是单一的、静态的，但是，如果政府将这些数据关联起来，并对这些数据进行有效的关联分析和统一管理，其价值将是无法估量的。

具体来说，现代城市都在走向智能和智慧，如智能电网、智慧交通、智慧医疗、智慧环保、智慧城市，这些都依托于大数据，可以说大数据是智慧的核心能源。有数据显示，截至2018年8月，我国100%的副省级以上城市，以及76%以上的地级市和32%的县级市，总计大约500座城市已经明确提出建设新型智慧城市，且已形成了长三角、珠三角等多个智慧城市群。从信息城市到数字城市，再从智能城市到智慧城市，我国已经将智慧城市写入国家战略，并投入大量资金。

大数据为智慧城市的各个领域提供了决策支持。例如，在城市规划方面，通过对城市地理、气象等自然信息和经济、社会、文化、人口等人文信息的挖掘，可以为城市规划提供决策，强化城市管理服务的科学性和前瞻性；在交通管理方面，通过对道路交通信息的实时挖掘，能有效缓解交通拥堵，并快速响应突发状况，为城市交通的良性运转提供科学的决策依据；在舆情监控方面，通过网络关键词搜索及语义智能分析，能提高舆情分析的及时性、全面性，全面掌握社情民意，提高公共服务能力，应对网络突发的公共事件，打击违法犯罪；在安防与防灾方面，通过大数据的挖掘，可以及时发现人为或自然灾害、恐怖事件，提高应急处理能力和安全防范能力。

另外，政府应该将有关的大数据逐步开放，供更多有能力的机构组织或个人来分析并加以利用，以造福人类。例如，美国政府就筹建了一个data.gov网站，其核心目标就是实现政府机构数据的公开。

3. 企业的大数据

当互联网变成基础设施，则每一个企业都将是大数据企业。企业决策人员越来越重视对大数据的利用，如何借助大数据让企业快速成长也成为人们的关注重点。如果说互联网竞争的上半场拼的是价格、速度和模式，那下半场拼的就是品质、耐力和技术。

企业高管最关注的是报表曲线的背后有怎样的信息，应该如何根据信息做出正确的决策，这些都需要通过数据来传递和支撑。在理想状况下，大数据分析可以提高企业的影响力，带来竞争差异，为企业节省成本、增加利润、开拓用户群并创造更大的市场。例如，大数据分析可以帮助企业开展精准营销，为大量消费者提供产品和服务；可以实现服务转型，成为小而美模式的中长尾企业；可以决定企业的生死存亡，推动传统企业转型。正如微软公司总裁史密斯说的："给我提供一些数据，我就能做一些改变。如果给我提供所有数据，我就能拯救世界。随着数据逐渐成为企业的一种资产，数据产业会向传统企业的供应链模式发展，最终形成数据供应链。"这里有两个明显的现象。第一，外部数据的重要性日益超过内部数据。在网络互联互通的时代，单一企业的内部数据与整个互联网数据比较起来只是沧海一粟。第二，能提供包括数据供应、数据整合与加工、数据应用等多环节服务的企业会有明显的综合竞争优势。

4. 个人大数据

简单来说，个人大数据就是与个人相关联的各种有价值的数据信息被有效采集后，可由本人授权提供给第三方进行处理和使用，并获得第三方提供的数据服务。未来，每个用户都可以在互联网上注册个人的数据中心，以存储个人的大数据信息。用户可确定哪些个人数据可被采集，并通过可穿戴设备或植入芯片等感知技术采集、捕获个人的大数据。例如，地理位置信息、社会关系数据、运动数据、饮食数据、消费数据、牙齿监测数据、心率数据、体温数据、视力数据、记忆能力等。用户可以将其中的牙齿监测数据授权给某牙科诊所使用，由诊所监控和使用这些数据，进而为用户制订有效的牙齿防治和保健计划；也可以将个人的运动数据授权给某运动健身机构，由健身机构监测自己的身体运动机能，并有针对性地制订和调整个人的运动计划；还可以将个人的消费数据授权给金融理财机构，由金融理财机构帮助制订合理的理财计划并对收益进行预测。当然，其中有一部分个人数据是无须个人授权即可提供给国家相关部门进行实时监控的，如罪案预防监控中心可以实时监控本地区每个人的情绪和心理状态，以预防自杀和犯罪。

个人大数据有 3 个特性。首先，数据仅留存在个人中心，第三方机构只有获得授权才能使用，而且数据有一定的使用期限，必须接受用后即毁的约定。其次，采集个人数据应该明确分类，除了国家立法明确要求接受监控的数据，其他类型数据都由用户自己决定是否被采集。最后，数据的使用将只能由用户进行授权，数据中心可帮助监控个人数据的整个生命周期。

用户隐私信息的收集宜少不宜多，大数据收集不是越多越好，涉及个人隐私方面的信息反而越少越好，遵循"数据最小化"原则。对个人信息的使用，用户应拥有足够的控制权。用户在大数据时代对个人信息被收集和使用应享有充分的知情权，也有权拒绝不合理的收集和使用。

1.3.2　大数据分析的过程

一般来说，大数据分析过程的主要活动由识别信息需求、收集数据、分析数据、评价并改进数据分析的有效性等步骤组成。

1. 识别信息需求

识别信息需求是确保数据分析过程有效性的首要条件，可以为收集数据、分析数据提供清晰的目标。识别信息需求是管理者的职责，管理者应根据决策和过程控制的需求，提出对信息的需求。就过程控制而言，管理者应识别需求要利用哪些信息支持评审过程输入、过程输出、资源配置的合理性、过程活动的优化方案和过程异常变异的发现。

2. 收集数据

有目的地收集数据，是确保数据分析过程有效的基础。组织需要对收集数据的内容、渠道、方法进行策划。策划时应考虑以下几点。

(1) 将识别的需求转化为具体的要求，如评价供方时，需要收集的数据可能包括其过程能力、测量系统不确定度等相关数据。

(2) 明确由谁在何时何处，通过何种渠道和方法收集数据。

(3) 记录表应便于使用。

(4) 采取有效措施，防止数据丢失和虚假数据对系统的干扰。

3. 分析数据

分析数据是将收集的数据通过加工、整理和分析，使其转化为信息，通常采用以下方法。

(1) 传统的 7 种工具，即排列图、因果图、分层法、调查表、散步图、直方图、控制图。

(2) 先进的 7 种工具，即关联图、系统图、矩阵图、KJ 法、计划评审技术、过程决策程序图法、矩阵数据图。

4. 评价并改进数据分析的有效性

数据分析是质量管理体系的基础。组织的管理者应适当通过对以下问题的分析，评估其有效性。

(1) 提供决策的信息是否充分、可信，是否存在因信息不足、失准、滞后而导致决策失误的问题。

(2) 信息对持续改进质量管理体系、过程、产品所发挥的作用是否与期望值一致，是否在产品实现过程中有效运用数据分析。

(3) 收集数据的目的是否明确，收集的数据是否真实和充分，信息渠道是否畅通。

(4) 数据分析方法是否合理，是否将风险控制在可接受的范围。

(5) 数据分析所需资源是否得到保障。

对于基于商业目的的大数据分析，它是有目的地进行收集、整理、加工和分析数据，提炼有价值信息的过程。其过程主要包括明确数据分析的目的和思路、数据收集、数据处理(提取、清洗、转化)、数据分析(统计、建模、挖掘)、数据展示和撰写报告 6 个步骤，如图 1.2 所示。

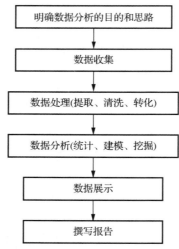

图 1.2　商业大数据分析的过程

(1) 明确数据分析的目的和思路。基于商业的理解，整理分析框架，确定数据分析的目的和分析思路。例如，减少客户的流失、优化活动效果、提高客户响应率等。这项工作很重要，因为不同的项目对数据的要求和使用的分析手段是不一样的。

(2) 数据收集。数据收集是按照确定的数据分析和框架内容，有目的地收集、整合相关数据的一个过程，它是数据分析的一个基础。

(3) 数据处理。数据处理是指对收集到的数据进行加工、整理，以便开展数据分析，它是数据分析前必不可少的阶段。这个阶段是数据分析整个过程中最花费时间的，也在一定程度上是数据仓库搭建和数据质量的保证。数据处理主要包括数据提取、数据清洗、数据转化等。

(4) 数据分析。数据分析是指通过分析手段、方法和技巧对准备好的数据进行汇总和分析，从中发现因果关系、内部联系和业务规律，并为决策者提供决策依据。到了这个阶段，要能驾驭数据、开展数据分析，就要涉及方法和工具的使用。其一要熟悉常规数据分析方法，最基本的要了解如方差、回归、因子、聚类、分类、时间序列等数据分析方法的原理、使用范围、优缺点和结果解释。其二要熟悉数据分析工具，Excel 软件是最常见的，一般的数据分析可以通过 Excel 软件完成，同时也要熟悉其他专业的分析工具，如 Python、Tableau 等。

(5) 数据展示。一般情况下，数据分析的结果都是通过图、表等方式呈现给用户的。借助数据展示的手段，能更直观地让数据分析师表述想要呈现的信息、观点和建议。常用的图表包括饼图、折线图、柱形图/条形图、散点图、雷达图、金字塔图、矩阵图、漏斗图和帕雷托图等。

(6) 撰写报告。撰写报告就是通过分析报告，把数据分析的目的、过程、结果及方案完整地呈现出来，为企业决策提供参考依据。首先分析报告需要有一个很好的分析框架，能够让阅读者一目了然。其次分析报告要结构清晰、主次分明，可以使阅读者正确理解报告内容。最后分析报告要图文并茂，可以令数据分析结果更加生动活泼，有助于阅读者更形象、直观地看清楚问题和结论。

另外，数据分析报告需要有明确的结论、建议和解决方案，而不仅仅是找出问题。商业大数据分析的初衷就是为了解决商业上的问题，不能舍本求末。

1.3.3　大数据分析的价值

1. 从业务角度看

从业务角度看，大数据分析的价值主要有以下 3 点。

(1) 数据分析辅助决策。这是为企业提供基础的数据统计报表分析服务。分析师通过数据产出分析报告来指导产品和运营，产品经理可以通过统计数据完善产品功能和改善用户体验，运营人员可以通过数据分析结果发现运营问题并确定运营的策略和方向，管理层可以通过数据分析报告掌握公司业务运营状况，从而进行战略决策。

(2) 数据分析驱动业务。这是通过数据分析、数据挖掘模型实现企业产品和运营的智能化，从而极大地提高企业的整体效能产出。最常见的应用领域有基于个性化推荐技术的精准营销服务、广告服务、基于模型算法的风控反欺诈服务、征信服务等。

(3) 数据分析对外变现。这是通过对数据进行深入分析，对外提供数据服务，从而获

大数据分析

得经济收入。各大数据公司利用自己掌握的大数据，通过分析，为用户提供风控、验证、反欺诈、导客、导流、精准营销等服务。

2. 从时间角度看

从时间角度来看，大数据分析的价值主要体现在以下 3 个方面。

(1) 总结过去。历史的记载总是不够全面和完整，它们或有选择性，或有所美化。但在信息时代，人类可将在移动终端、社交媒体、传感器等媒介上的碎片化的数据和信息融合在一起，通过大数据分析，在海量数据中总结出具有普遍性的规律，从而发现有价值的信息和新的知识，这为更加全面、完整、客观地记录历史、总结历史经验和知识提供了可能。

(2) 优化现在。"互联网+大数据+传统产业"不仅仅意味着简单相加，而是进行跨界融合，实现互联网与传统产业的优势互补，借助行业大数据实现创新和自身发展。近年来，零售业、旅游业、新闻出版业及金融服务业等传统产业，借助大数据分析实现了巨大变革。例如，引入基于位置的服务、数据挖掘和个性化推荐技术等提取用户行为偏好，进行精准营销等。因此，大数据分析可以帮助人们把事物的全貌及隐含的特征看得更清楚，为未来的发展提供最优的决策支持。

(3) 预测未来。当今世界充满了不确定性，大数据分析是减少不确定性的主要方法之一。在未来，通过科学的方法对大数据进行分析，可为很多行业及社会的发展提供准确的预测。例如，通过研究大数据来预测客户的购买行为、信用情况，以规避金融风险等。科学家可通过严谨、科学的方法来整理海量的数据信息，挖掘其内在规律、分析其发展趋势等。

3. 从行业应用角度看

依据行业应用的不同，大数据分析的价值也有不同体现。

(1) 传统行业应用大数据分析的价值。

传统行业是劳动密集型、以制造加工为主的行业，而传统行业拥抱互联网已经是大势所趋。目前金融、餐饮、工业、农业等传统行业已经乘势而上。尤其是互联网金融异军突起，像具有电商平台性质的阿里金融正依据大数据收集和分析进行用户信用评级，从而防范金融风险，保障交易安全。

传统行业融合互联网，需要完成传统管理系统与互联网平台、大数据平台的对接，因而势必产生海量数据。传统行业可利用大数据分析，调整产品结构，实现产业结构升级，优化采购渠道，实现销售渠道的多元化、创新商业模式等。例如，万科集团利用大数据分析价值洼地，各大券商联合互联网巨头推出大数据基金等。

(2) 新兴行业应用大数据分析的价值。

新兴行业相对传统行业而言，主要涉及节能环保、新一代信息技术、生物、高端装备制造、新能源、新材料等。新兴行业与传统行业不同，其本身具有高信息化、高网络化、高科技等特点。从其诞生之日起，就具备了大数据的基因，也为大数据的分析利用提供了良好的土壤。例如，可穿戴智能设备 Apple Watch，就是为信息时代而生，产生的大数据

16

可实现非接触数据传输、基于位置服务等。大数据在新兴行业的应用价值更多体现在优化服务、提升用户体验、实现个性化推荐及提高竞争能力等方面。

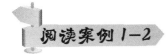

知名企业如何利用大数据分析

大数据分析能够帮助企业在短时间内收入翻番。如果你希望在未来几年快速取得成功，就离不开数据的智能分析。这就是很多跨国企业都在实施大数据分析的原因。下面来看看一些跨国企业是如何利用大数据的。

1. 利用大数据分析定位客户

利用大数据，企业可以观察客户的消费和行为模式。企业收集的客户信息越多，就能识别出越多的客户行为和习惯。当然，直接的客户信息还远远不够，从根本上说，最重要的是需要一个好的数据分析方法来挖掘更有用的信息。通过大数据分析技术企业能够跟踪目标客户的消费行为，从而服务好客户。

2. 利用大数据来解决广告问题并提供营销策略

大数据分析可以帮助改变企业的所有商业活动。它不仅整合协调了客户需求，而且改变了企业的产品供应，并能产生不可思议的广告效果。企业曾经不得不面对这样一个赤裸裸的真相——耗费了数百万美元，但都花在了没有效益的广告上。这是什么原因呢?很有可能是没有进行数据调研和分析。

3. 利用大数据进行风险管理

特殊的形势和极其不安全的经营环境要求有更好的风险管理。从根本上说，企业经营的危险之处在于有潜在风险的投机行为。如果企业想要保持效益，就必须提前预测潜在的风险，并在风险发生之前加以控制。

4. 利用大数据分析识别客户需求

大数据分析的目的是帮助企业改进产品和开发新项目。从根本上说，大数据已经变成了获取额外收入的途径。在规划新产品和开发新项目之前，企业首先要尽可能多地收集信息。每个环节都要从客户的需求出发。企业可以通过不同的渠道了解客户的需求，然后通过大数据分析来识别需求。

5. 利用大数据实现供应链管理

大数据为供应链系统提供了更加精确、清晰的洞察力。通过大量的信息调查，供应商可以摆脱以前所面临的限制。之前，供应商使用的是传统的企业管理框架和存储网络框架。这样容易出错，并且给供应商带来巨大的不便。而今利用大数据分析，供应商能够做出更加准确的判断，这对于实现供应链管理至关重要。

(资料来源：https://www.sohu.com/a/353494165_185201.[2021-9-11])

本 章 小 结

本章首先介绍了大数据分析的背景和基础，从数据量、数据价值和商业变革需要大数据支撑3个方面介绍大数据分析的产生背景。为了系统地认识大数据，从理论、技术和实践3个层面展开叙述。在比较了大数据分析与传统数据分析之后，介绍了大数据分析的基本原理。大数据分析具有特定的分析对象和分析过程，大数据分析的价值从不同角度观察会有不同的解释，最后分别从业务角度、时间角度和行业应用角度介绍了大数据分析的价值。

【关键术语】

(1) 大数据 (2) 大数据分析 (3) 传统数据分析
(4) 数据核心原理 (5) 信息找人原理 (6) 数据价值原理

习　题

1. 选择题

(1) (　　)不是大数据的特征。

  A. 数据量大   B. 数据类型单一

  C. 处理速度快   D. 价值密度低

(2) (　　)不是影响大数据分析的因素。

  A. 技术和方法   B. 数据的应用

  C. 商务模式   D. 行为组织

(3) 大数据的最终价值体现的是(　　)。

  A. 实践   B. 理论   C. 技术   D. 报告

(4) (　　)不是在统计学领域的数据分析。

  A. 描述性统计分析   B. 探索性数据分析

  C. 验证性数据分析   D. 预测性数据分析

(5) (　　)是确保数据分析过程有效性的首要条件。

  A. 识别信息需求   B. 收集数据

  C. 分析数据   D. 评价数据

(6) 从业务角度出发大数据的核心价值不包含(　　)。

  A. 辅助决策   B. 驱动业务

  C. 预测未来   D. 对外变现

2. 判断题

(1) 大数据就是量比较大的数据。

                    (　　)

(2) 大数据时代数据分析模式发生转变，从"流程"核心转变为"数据"核心。

（　　　）

(3) 大数据的常用计量单位至少是 PB、EB 或 ZB。　（　　　）

(4) 大数据分析的基础就是大数据。　（　　　）

(5) 无论是传统数据分析，还是大数据分析，均要将原始数据按照分析思路进行统计处理，得到概要性的统计结果供人分析。　（　　　）

(6) 大数据分析就是要教机器像人一样思考。　（　　　）

3. 简答题

(1) 大数据的 4V 特征是什么？

(2) 简述大数据分析的基本原理。

(3) 大数据的分析对象有哪些？

(4) 简述大数据分析的过程。

(5) 简述大数据分析与传统数据分析的区别与联系。

(6) 从时间维度看，大数据分析的价值主要体现在哪些方面？

第2章
大数据分析预备知识

 本章教学要点

知识要点	掌握程度	相关知识
经验误差与过拟合	掌握	经验误差与过拟合涉及的一些基本概念
留出法	掌握	留出法的概念和原理
交叉验证法	掌握	交叉验证法的概念和原理
自助法	掌握	自助法的概念和原理
性能度量	了解	分类中用到的性能度量原理
假设检验	熟悉	单个正态总体参数的均值检验和方差检验步骤
方差分析	熟悉	单因子方差分析统计模型及其分析过程

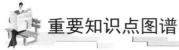

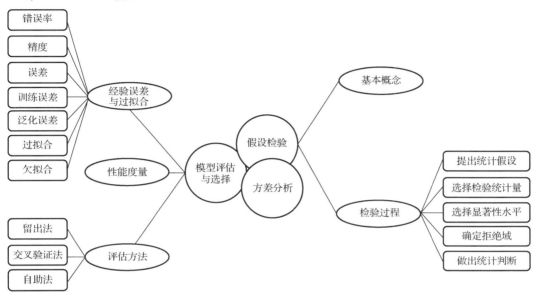

大数据分析涉及很多统计学和机器学习的基本知识。大数据分析以这些基本知识为支撑，从数据出发，提取数据的特征，将数据的模型抽象出来，通过对数据的有效分析，发现数据中蕴含的知识。作为数据分析的对象，数据是多种多样的，包括文字、数字、图像、视频、音频等。统计学习中用到的数据一般具有一定的统计规律性。不论是利用统计学习方法还是机器学习方法对大数据进行分析，均需要构建分类模型，进而利用分类模型对数据进行分析与预测。

2.1　模型评估与选择

当训练好了一个分类模型后，如何去评价这个模型的优劣呢？最直接的办法是用这个模型去做实际的判断。例如，用于人脸识别，将各种图片(含有人脸的与不含人脸的)输入模型中，让它判断是否有人脸，然后看看正确比例是多少，错误比例是多少，进而得出相应的精度和错误率，这其实就是一种最简单的评估方法。要判断模型的性能如何，怎么选择合适的算法进行评估，首先要比较模型的性能，然后再做选择，本节就来介绍模型评估与选择。

2.1.1　经验误差与过拟合

在机器学习和模式识别等领域中，一般需要将样本分成独立的两个集合：训练集

(training set)和测试集(test set)。其中训练集用来构建分类模型，测试集则用来检验所构建模型的性能。一个典型的划分方法是，训练集约占总样本的三分之二，测试集约占总样本的三分之一。此外，还将用到以下一些基本概念。

(1) 错误率。分类错误的样本数占样本总数的比例称为错误率，即如果有 m 个样本，其中有 n 个分类错误的样本，那么错误率为 n/m。

(2) 精度。精度等于 1 减去错误率。关于错误率和精度的概念，将在 2.1.3 小节详细介绍。

(3) 误差。分类模型实际预测输出与样本的真实输出之间的差异称为误差。

(4) 训练误差。分类模型在训练集上的误差称为训练误差，又称经验误差。

(5) 泛化误差。分类模型在新样本上的误差称为泛化误差。

(6) 过拟合。有时候在训练集上的误差很小，但当实际用于新样本时反而误差很大，原因就在于训练样本的数量有限，模型可能会把训练集特有的特征认为是所有样本空间中样本都应具有的特征，导致泛化能力下降，这种现象就称为过拟合。

(7) 欠拟合。与过拟合相对的就是欠拟合，即会欠缺某些通用特征，导致不符合分类标准的样本也分到相应的类中。

在实际的应用中，人们总是期望得到泛化误差小的分类模型。但是，由于事先并不知道新样本是什么样子的，实际能做的就是尽可能使得经验误差最小。在多数情况下，可以得到一个经验误差很小、在训练集上表现很好，甚至错误率为零的分类模型，但这真的是一个好的分类模型吗？

实践表明，这样的分类模型也有可能不好。要想得到在新样本中表现很好的分类模型，应从训练样本中学习到适用于所有潜在样本的普遍规律。然而，当分类模型把训练样本学得"太好"时，把不太一般的特性也学到了，就会导致泛化能力下降，对新样本的判别能力变差，即出现了过拟合现象。

导致过拟合的因素有很多，最常见的是由于学习能力太强，以至于把训练样本包含的不一般的特性也学到了。而相对的欠拟合则是由于学习能力低下导致的。欠拟合相对容易克服，而过拟合则比较难克服。过拟合是无法彻底避免的，只能尽可能地缓解它。

实践中，可供选择的学习算法有很多，甚至对同一个学习算法而言，设置不同的参数值，也将会产生不同的模型。对于这么多算法，该如何选择呢？这就是"模型选择"问题。当然可以对模型的泛化误差进行评估，进而选择泛化误差最小的模型，然而正如上面分析的，由于无法直接得到泛化误差，训练误差因存在过拟合也不适合作为评估标准，因此如何对模型进行合理评估与选择，就成为一个重要的课题。

2.1.2 评估方法

一般情况下，可通过实验测试来评估分类模型的泛化误差，进而做出选择。因此，需要使用测试集测试分类模型对新样本的判别能力，使得测试集上的测试误差近似等于泛化误差。一般假设测试样本是从样本真实分布中采样得到的独立同分布样本。值得注意的是，测试集应尽量与训练集互斥，即测试集中的样本没有在训练集中出现过、使用过。

要评价一个模型的优劣，需要有合适的样本集和相应的评价指标。选择合适的样本集来评价模型的泛化能力，通常有以下几种方法。

1. 留出法

所谓留出法，是指直接将数据集 D 划分为两个互斥的集合，其中一个集合作为训练集 S，另一个作为测试集 T，即 $D = S \cup T$，$S \cap T = \varnothing$。在 S 上训练得出模型后，用 T 来评估其测试误差，作为对泛化误差的估计。

以二分类任务为例，假定 D 包含 2000 个样本，将其划分为包含 1400 个样本的 S，包含 600 个样本的 T。用 S 进行训练后，如果模型在 T 上有 180 个样本分类错误，那么其错误率为 $(180/600) \times 100\% = 30\%$，精度为 $100\% - 30\% = 70\%$。

值得注意的是，训练集和测试集的划分需要尽量保持数据分布的一致性，如在分类时，尽量要保持样本的类别比例相似。如果训练集和测试集中样本类别比例差别很大，那么由于训练数据和测试数据分布的差异将导致误差估计出现偏差。例如，若 D 包含 1000 个正例，1000 个反例。分层采样获得含 70% 样本的 S 中，有 700 个正例，700 个反例；含 30% 样本的 T 中，有 300 个正例，300 个反例。

此外，需要注意的是，即使在给定训练集和测试集的样本比例后，对数据集进行划分的方式也是多种多样的。在上述例子中，可以把 D 的样本先进行排序，可以把前 700 个正例放在训练集中，也可以把后 700 个正例放在训练集中，这些不同的划分方式将会产生不同的训练集和测试集，对应的模型评估结果也会不同。所以，单次使用留出法得到的结果不够稳定。一般将随机划分、重复进行实验评估后得到的平均值作为留出法的评估结果。例如，进行 200 次随机划分，每次产生一个训练集和测试集用于实验和评估，200 次后得到 200 个结果，而留出法返回的则是这 200 个结果的平均值。

2. 交叉验证法

交叉验证法是先将 D 划分为 k 个大小相似的互斥子集(D 通过分层采样得到每个子集 D_i，保持数据分布一致性)。每次用 $k-1$ 个子集的并集作为训练集，余下的子集作为测试集。这样就可以得到 k 组训练集和测试集，进而可进行 k 次训练和测试，最终返回 k 个测试结果的平均值。

交叉验证法又称 k 折交叉验证。显然，交叉验证法评估结果的稳定性和真实性主要依赖于 k 的取值。类似于留出法，将 D 划分为 k 个子集存在多种划分方式，所以 k 折交叉验证一般要随机使用不同的划分重复 p 次，最终评估结果是这 p 次 k 折交叉验证结果的平均值。常见的是 10 折交叉验证，如图 2.1 所示。

假设 D 包含 m 个样本，若令 $k=m$，即 m 个样本划分成 m 个子集，每个子集包含一个样本，则可得到交叉验证法的特例，即留一法。留一法中被实际评估的模型与期望评估的用 D 训练出来的模型特别相似，因此，留一法的评估结果往往被认为是比较准确的。然而，留一法也存在缺陷，当数据集较大时，如数据集包含 500 万个样本，则需训练 500 万个模型，此时留一法的评估结果未必比其他评估方法准确。

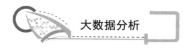

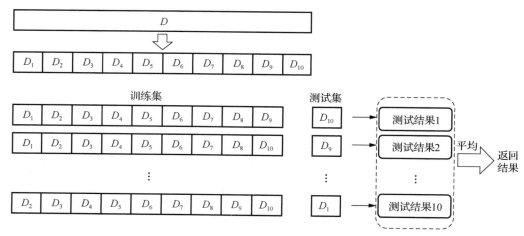

图 2.1　10 折交叉验证示意图

3. 自助法

实践中，期望评估的是用 D 训练得出的模型，但在留出法和交叉验证法中，均保留了部分样本用于测试，即实际评估模型使用的训练集比 D 小，这将会出现因训练样本规模不同而导致的估计偏差。虽然留一法受训练样本规模变化的影响比较小，但其计算复杂度太高。那么怎样才能减少因训练样本规模不同而造成的影响，又能较为高效地进行实验评估呢？

实践证明，自助法能较好地解决上述问题。自助法是从包含 m 个样本的数据集 D 中，随机采样一个样本，加入训练集 D'，然后再将该样本放回初始数据集 D 中，使得该样本在下次采样时还有可能被采到，继续随机挑选，直至 m 次，就可以得到包含 m 个样本的数据集 D'。显而易见，数据集 D 中部分样本多次出现，而部分样本不出现，因此可估计样本在 m 次中始终不被采到的概率为 $\left(1-\dfrac{1}{m}\right)^{m}$，求极限可得到

$$\lim_{m\to\infty}\left(1-\frac{1}{m}\right)^{m}=\frac{1}{e}\approx 0.368$$

也就是说，通过自助采样，初始数据集 D 中约有 36.8% 的样本没有在采样数据集 D' 中出现，因此可将 D' 作为训练集，$D \setminus D'$ 作为测试集。此时，实际评估模型和期望评估模型都在使用 m 个训练样本，但是仍有约数据总量三分之一的样本没有在训练集中出现，而是用于了测试。这样的测试结果，也称为包外估计。自助法在数据集较小、难以有效划分训练集和测试集时很有用。但是在初始数据量足够时，留出法和交叉验证法更常用。

大部分学习算法都需要设定参数，参数配置不同，所得模型的性能会有显著差异。因此，在进行模型评估与选择时，既要选择适用的学习算法，还要设定算法参数，即所谓的参数调节，简称调参。

调参和算法选择没有太大的本质区别，对于不同的参数配置都训练得出模型，然后将最好的模型对应的参数作为结果。然而值得注意的是，学习算法的很多参数的取值范围是

实数域，因此将每种参数配置均训练得出模型是行不通的。实践中，一般是对每个参数给定一个范围和变化步长。例如，在[0,0.5]范围内以 0.1 为步长，那么实际需要评估的候选参数就只有 5 个，最终从这 5 个候选值中选出参数值。这样选出的参数值一般不是最佳的，但是这种方法能兼顾计算开销和性能估计，进而使得学习过程变得可行。即使通过这样的折中方法进行操作后，调参仍然有很大的难度。假设算法有 4 个参数，每个参数考虑 5 个候选值，则对一组训练集和测试集就会有 5^4=625 个模型需要进行考察。而对于一些强大的学习算法，会有更大量的参数，这会带来超大的调参工作量，从而导致在不少应用中，因参数调节不佳而影响最终模型的性能。

2.1.3　性能度量

性能度量是衡量模型泛化能力的评价标准。性能度量可以反映任务需求，在对不同模型的能力进行对比时，使用不同的性能度量会产生不同的评判结果。这说明了模型的优劣是相对而言的，模型的优劣不但取决于算法和数据，而且还取决于任务需求。

给定样例集 $D = \{(x_1, y_1), (x_2, y_2), \cdots, (x_m, y_m)\}$，其中 y_i 是对示例 x_i 的真实标记，要评估分类模型 f 的性能，需要将分类模型的预测结果 $f(x)$ 与真实标记 y 进行比较。

回归任务中常用的性能度量是均方误差，均方误差一般表达式如下。

$$E(f;D) = \frac{1}{m}\sum_{i=1}^{m}\left[f(x_i)-y_i\right]^2$$

对于数据分布 d 和概率密度函数 $p(\cdot)$ 而言，均方误差为

$$E(f;d) = \int_x^d \left[f(x)-y\right]^2 p(x)\mathrm{d}x$$

下面介绍分类中主要用到的性能度量。

1. 错误率与精度

错误率是分类错误的样本数占样本总数的比例。精度是分类正确的样本数占样本总数的比例。对于样例集 D 而言，分类错误率为

$$E(f;D) = \frac{1}{m}\sum_{i=1}^{m}\mathrm{II}(f(x_i)\neq y_i)$$

精度为

$$acc(f;D) = \frac{1}{m}\sum_{i=1}^{m}\mathrm{II}(f(x_i)= y_i)$$
$$=1-E(f;D)$$

式中 $\mathrm{II}(\ )$ 表示指示函数，当括号内条件成立时为 1，否则为 0。

对于数据分布 d 和概率密度函数 $p(\cdot)$ 而言，错误率和精度分别为

$$E(f;d) = \int_x^d \mathrm{II}(f(x)\neq y)p(x)\mathrm{d}x$$
$$acc(f;d) = \int_x^d \mathrm{II}(f(x)= y)p(x)\mathrm{d}x$$
$$=1-E(f;d)$$

2. 查准率、查全率与 F1

虽然错误率和精度可以对分类模型进行性能度量，但是有时候并不能满足实际需求。例如，瓜农拉来了一车西瓜，若想用训练好的模型判别这些西瓜，那么错误率说明了有多少西瓜被判别错误。但要想知道挑出的西瓜中好瓜的比例是多少，或者所有好瓜中被挑出来的比例是多少，此时就需要用到其他的性能度量方法。

对二分类问题而言，根据样例的真实类别和分类模型预测类别的组合进行划分，可分为真正例、假正例、真反例、假反例。假设用 TP、FP、TN、FN 分别表示它们对应的样例数，则对于分类结果的混淆矩阵如表 2-1 所示。

表 2-1 混淆矩阵

真实情况	预测结果	
	正例	反例
正例	TP(真正例)	FN(假反例)
反例	FP(假正例)	TN(真反例)

查准率 P 和查全率 R 可分别表示为

$$P = \frac{TP}{TP + FP}$$

$$R = \frac{TP}{TP + FN}$$

一般而言，查准率高时，查全率往往偏低；而查全率高时，查准率往往偏低。例如，若希望好瓜能尽可能多地被选出来，则可增加选瓜的数量，如果选中所有西瓜，那么所有好瓜都能被选出来，此时查准率就比较低；若希望选出的瓜中好瓜比较多，那么尽量选择最有把握的瓜，但这样会遗漏一些好瓜，查全率就会较低。一般来说，只有在一些简单任务中，才可能使得查全率和查准率同时都很高。

2.2 假设检验

假设检验是统计推断的主要内容之一，尤其当数据量很大时，它是进行数据统计分析的重要基础。假设检验问题是指当总体的分布函数已知，但是其中部分参数未知时，或者当总体的分布函数完全未知时，对总体参数、总体某些分布特征或对总体分布做出统计假设，以及对这些统计假设合理性的验证问题。本节主要介绍假设检验涉及的一些基本概念以及正态总体参数的假设检验方法。

2.2.1 假设检验的基本概念

一般而言，关于总体参数或总体分布的论断与推测、假定与设想统称为统计假设，简称假设。按一定统计规律由样本推断所作假设是否成立的过程，称为统计假设检验，简称假设检验。

下面通过例 2.1 来说明假设检验的基本概念及检验过程。

例 2.1　某糖厂采用自动包装机将糖进行装箱，每箱的标准重量规定为 100kg。每天开工后，需要先检验包装机工作是否正常。根据以往的经验可知，用自动包装机装箱，每箱重量 X 服从正态分布 $N(\mu,\sigma^2)$，其中方差 $\sigma^2=1.15^2$。某日开工后，抽取了 9 箱糖进行测试，其重量(单位：kg)为 99.0，98.6，100.4，101.2，98.3，99.7，99.5，102.1，98.5。则此包装机工作是否正常？

若包装机工作正常，则每箱糖重量均值应为 100kg，因此可建立以下两个对立的假设。

$$H_0:\mu=100 \qquad H_1:\mu\neq100$$

显然，若要借助抽出的样本构成相应的统计量来进行判断，应该考虑是接受假设 H_0(拒绝 H_1)，或者拒绝假设 H_0(接受 H_1)。

由于本题要检验总体均值 μ，因此利用样本均值 $\bar{X}$ 来进行判断。由于 $\bar{X}$ 是 μ 的无偏估计，因此 $\bar{X}$ 的观察值一定程度上反映了 μ 的大小。即当假设 H_0 为真时，样本值 $x_1, x_2, \cdots, x_n$ 的确来自总体 $N(100,1.15^2)$，则样本均值 $\bar{x}$ 应该和 $\mu_0=100$ 差不多，也就是说，$\bar{x}$ 和 $\mu_0=100$ 的偏差 $|\bar{x}-100|$ 应该比较小。然而若 $|\bar{x}-100|$ 很大，则 H_0 可能不正确，此时应当拒绝 H_0 的判断，接受假设 H_1 的判断。显然，需要确定偏差 $|\bar{x}-100|$ 的上界，且以此作为判断的准则。这就需要借助统计量 $\bar{X}$ 及其分布。当假设 H_0 为真时，样本均值 $\bar{X}$ 满足

$$\frac{\bar{X}-100}{1.15/\sqrt{9}}\sim N(0,1)$$

因此，衡量偏差 $|\bar{x}-100|$ 的大小可以通过考察 $\dfrac{|\bar{x}-100|}{1.15/\sqrt{9}}$ 的大小来实现。选定正数 k 作为判断的临界值，当样本均值 $\bar{x}$ 满足不等式

$$\frac{|\bar{x}-100|}{1.15/\sqrt{9}}\geqslant k$$

时，应拒绝假设 H_0，反之，当

$$\frac{|\bar{x}-100|}{1.15/\sqrt{9}}<k$$

时，应接受假设 H_0。

为确定 k 值，易知事件 $\{拒绝 H_0 \mid H_0 真\}=\dfrac{|\bar{X}-100|}{1.15/\sqrt{9}}\geqslant k$ 是一个小概率事件，因此给定一个小概率值 $\alpha=0.05$，使得 $P\left\{\dfrac{|\bar{X}-100|}{1.15/\sqrt{9}}\geqslant k\right\}=0.05$，然后由标准正态分布的分位点可确定临界值 $k=z_{0.05/2}=1.96$，即

$$P\left\{\frac{|\bar{X}-100|}{1.15/\sqrt{9}}\geqslant z_{0.05/2}=1.96\right\}=0.05$$

因此可作如下判断。

由题意可知，样本均值 $\bar{x} = 99.7$，而统计值 $\dfrac{|\bar{x}-100|}{1.15/\sqrt{9}} = \dfrac{|99.7-100|}{1.15/\sqrt{9}} \approx 0.7826 < 1.96$，因此偏差 $|\bar{x}-100|$ 不超过上界，可认为 H_0 为真，即均值应为 100kg，说明自动包装机工作是正常的。

例 2.1 所采用的判断准则是实际推断原理，即小概率事件在一次试验中几乎不可能发生，若任做一次试验此事件发生，则可以说明该事件不是小概率事件。通常 α 取值为 0.01、0.05 等，若 H_0 为真，即当 $\mu = 100$ 时，易知 $\left\{\dfrac{|\bar{X}-100|}{1.15/\sqrt{9}} \geqslant z_{0.05/2}\right\}$ 是个小概率事件，根据实际推断原理可知，在一次试验中不等式 $\dfrac{|\bar{X}-100|}{1.15/\sqrt{9}} \geqslant z_{0.05/2}$ 几乎不会发生。若在一次试验中出现了满足不等式 $\dfrac{|\bar{X}-100|}{1.15/\sqrt{9}} \geqslant z_{0.05/2}$ 的 $\bar{x}$，则可以怀疑此事件不是小概率事件，说明假设 H_0 可能是不正确的，因此应拒绝 H_0。若样本均值 $\bar{x}$ 满足不等式 $\dfrac{|\bar{X}-100|}{1.15/\sqrt{9}} < z_{0.05/2}$，则没有理由怀疑 H_0 的正确性，即应该接受 H_0。

根据例 2.1 假设检验的解题过程，总结假设检验过程的主要步骤如下。

1. 提出统计假设

一般而言，在假设检验中，需根据实际问题建立两个假设：原假设 H_0 和备选假设 H_1。例如：

$$H_0 : \mu = \mu_0 ; H_1 : \mu \neq \mu_0 \tag{2.1}$$
$$H_0 : \sigma^2 \leqslant \sigma_0^2 ; H_1 : \sigma^2 > \sigma_0^2 \tag{2.2}$$
$$H_0 : \mu \geqslant \mu_0 ; H_1 : \mu < \mu_0 \tag{2.3}$$
$$H_0 : \mu_1 = \mu_2 ; H_1 : \mu_1 \neq \mu_2 \tag{2.4}$$
$$H_0 : F(x) = F_0(x) ; H_1 : F(x) \neq F_0(x) \tag{2.5}$$

其中，前 4 个为参数假设，最后一个为分布假设。式(2.1)和式(2.4)的假设检验为双边检验；式(2.2)的假设检验为右边检验，式(2.3)的假设检验为左边检验，左边检验和右边检验统称单边检验；式(2.5)的假设检验为分布假设检验。

2. 选择检验统计量，确定其所服从的分布

从例 2.1 中可知，由样本对原假设 $\mu = \mu_0$ 作出判断是通过统计量 $\dfrac{\bar{X}-\mu_0}{\sigma/\sqrt{n}}$ 来进行的，该统计量称为检验统计量。因此，对原假设 H_0 必须建立相应的统计量 $T = T(X_1, X_2, \cdots, X_n)$，而且应当知道当 H_0 为真时，T 的确切分布，在例 2.1 中 H_0 为真时，$U = \dfrac{\bar{X}-\mu_0}{\sigma/\sqrt{n}} \sim N(0,1)$。

3．选择显著性水平

检验的结果也许不符合真实情况，这是由于样本抽取的随机性导致的。根据样本判断可能犯两种类型的错误：一是当 H_0 为真时，却作出了拒绝假设 H_0 的判断，此类错误称为第 I 类错误；二是当 H_0 不为真时，却作出了接受假设 H_0 的判断，此类错误称为第 II 类错误。第 I 类错误为"弃真"错误，它的概率可记为

$$P\{拒绝 H_0 \mid H_0 真\} = P_{H_0}\{拒绝 H_0\} \tag{2.6}$$

由于无法排除犯这类错误的可能性，只希望犯这类错误的概率能控制在一定范围内，于是给定一个上限 $\alpha(0 < \alpha < 1)$，则

$$P\{拒绝 H_0 \mid H_0 真\} = P_{H_0}\{拒绝 H_0\} \leqslant \alpha \tag{2.7}$$

此处的 α 称为显著性水平。实践中，只考虑允许犯第 I 类错误的概率最大为 α，即得

$$P\{拒绝 H_0 \mid H_0 真\} = P_{H_0}\{拒绝 H_0\} = \alpha \tag{2.8}$$

第 II 类错误为"取伪"错误，其概率可记为

$$P\{接受 H_0 \mid H_0 不真\} = P_{H_1}\{接受 H_0\} \tag{2.9}$$

在确定检验法则时，应使得犯这两类错误的概率都尽可能地小。但是当样本容量 n 固定时，无法使得犯两类错误的概率都同时变小，因此实践中，一般只对犯第 I 类错误的概率进行控制，这种只基于显著性水平 α 的检验称为显著性检验。

4．确定拒绝域

使原假设 H_0 被拒绝的那些样本观测值所属的区域称为拒绝域。在选定显著性水平 α 后，需要确定假设 H_0 的拒绝域 W，拒绝域的边界点称为临界点。例如，在例 2.1 中，$W = \left\{ (x_1, x_2, \cdots, x_n) \mid |u| \geqslant z_{0.05/2} \right\}$ 为 H_0 的拒绝域，$z_{0.05/2}$ 为临界点。一般地，把 W 的补集 $\overline{W} = \left\{ (x_1, x_2, \cdots, x_n) \mid |u| < z_{0.05/2} \right\}$ 称为假设 H_0 的接受域。

5．做出统计判断

确定了 H_0 的拒绝域后，就确定了判断准则，因此可让样本值 $x_1, x_2, \cdots, x_n$ 根据此准则判断是拒绝 H_0 或是接受 H_0。

例如，例 2.1 中的判断准则是：

当样本值使得 $|u| = \dfrac{|\overline{x} - 100|}{1.15/\sqrt{9}} < 1.96$ 时，则接受 H_0，拒绝 H_1；

当样本值使得 $|u| = \dfrac{|\overline{x} - 100|}{1.15/\sqrt{9}} \geqslant 1.96$ 时，则拒绝 H_0，接受 H_1。

综上所述，参数检验的一般步骤总结如下。

(1) 根据实际问题的需求，提出适当的原假设 H_0 和备选假设 H_1。

(2) 选定合适的显著性水平 α，确定样本容量 n。

(3) 选择合适的统计量，确定当 H_0 为真时，检验统计量的分布。

(4) 结合步骤(3)中检验统计量的分布，根据概率 $P\{拒绝H_0\,|\,H_0真\}=P_{H_0}\{拒绝H_0\}=\alpha$ 确定 H_0 的拒绝域。

(5) 根据样本值计算出检验统计量的观测值，然后根据此观测值是否落在拒绝域内作出拒绝还是接受的判断。

2.2.2 正态总体参数的假设检验

本小节主要介绍单个正态总体均值的检验和单个正态总体方差的检验。

1. 单个正态总体均值的检验

设 $X_1,X_2,\cdots,X_n$ 是来自正态总体 $X\sim N(\mu,\sigma^2)$ 的一个样本，样本均值为 $\bar{X}$，样本方差为 S^2。下面对方差 σ^2 已知和方差 σ^2 未知时分别进行假设 $H_0:\mu=\mu_0$ 的检验。

(1) 方差 σ^2 已知时，总体均值 μ 的检验(U检验)。

正态总体 $N(\mu,\sigma^2)$ 的方差 σ^2 已知时，关于 μ 的假设检验，具体检验步骤如下。

① 根据实际问题提出以下假设。

$$H_0:\mu=\mu_0;H_1:\mu\neq\mu_0$$

② 选定显著性水平 α，确定样本容量 n。

③ 选择恰当的统计量 $U=\dfrac{\bar{X}-\mu_0}{\sigma/\sqrt{n}}$，在 $H_0:\mu=\mu_0$ 为真时，检验统计量

$$U=\frac{\bar{X}-\mu_0}{\sigma/\sqrt{n}}\sim N(0,1)$$

④ 结合步骤③，根据概率

$$P\{拒绝H_0\,|\,H_0真\}=P\{|U|\geqslant z_{\alpha/2}\}=\alpha$$

查正态分布表可知 $z_{\alpha/2}$ 的值，从而确定 H_0 的拒绝域。

$$|u|=\left|\frac{\bar{x}-\mu_0}{\sigma/\sqrt{n}}\right|\geqslant z_{\alpha/2}$$

⑤ 根据样本值计算出 $\bar{x}$ 和 $|u|=\left|\dfrac{\bar{x}-\mu_0}{\sigma/\sqrt{n}}\right|$，然后进行判断。若 $|u|\geqslant z_{\alpha/2}$，则拒绝 H_0；若 $|u|<z_{\alpha/2}$，则接受 H_0。

对于正态总体 $N(\mu,\sigma^2)$ 的方差 σ^2 已知时，关于 μ 的右边检验，具体检验步骤如下。

① 根据实际问题提出以下假设。

$$H_0:\mu\leqslant\mu_0;H_1:\mu>\mu_0$$

② 选定显著性水平 α，确定样本容量 n。

③ 选择恰当的统计量 $U=\dfrac{\bar{X}-\mu_0}{\sigma/\sqrt{n}}$，在 H_0 为真时，检验统计量

$$U=\frac{\bar{X}-\mu_0}{\sigma/\sqrt{n}}\sim N(0,1)$$

④ 结合步骤③，根据概率

$$P\{拒绝 H_0 \mid H_0 真\}=P\{U \geqslant z_\alpha\}=\alpha$$

查正态分布表可知 z_α 的值，从而确定 H_0 的拒绝域。

$$u=\frac{\overline{x}-\mu_0}{\sigma/\sqrt{n}} \geqslant z_\alpha$$

⑤ 根据样本值计算出 $\overline{x}$ 和 $u=\dfrac{\overline{x}-\mu_0}{\sigma/\sqrt{n}}$，然后进行判断。若 $u \geqslant z_\alpha$，则拒绝 H_0；若 $u < z_\alpha$，则接受 H_0。

类似地，也可以得到正态总体 $N(\mu,\sigma^2)$ 的方差 σ^2 已知时，关于 μ 的左边检验，假设

$$H_0:\mu \geqslant \mu_0;H_1:\mu < \mu_0$$

的拒绝域为

$$u=\frac{\overline{x}-\mu_0}{\sigma/\sqrt{n}} \leqslant -z_\alpha$$

因为在上述检验法则中，使用了服从标准正态分布的 U 统计量，所以常常将此类检验称为 U 检验，或 Z 检验。

(2) 方差 σ^2 未知时，总体均值 μ 的检验(t 检验)。

正态总体 $N(\mu,\sigma^2)$ 的方差 σ^2 未知时，关于 μ 的假设检验，具体检验步骤如下。

① 根据实际问题提出以下假设。

$$H_0:\mu = \mu_0;H_1:\mu \neq \mu_0$$

② 选定显著性水平 α，确定样本容量 n。

③ 选择恰当的统计量 $T=\dfrac{\overline{X}-\mu_0}{S/\sqrt{n}}$，在 H_0 为真时，检验统计量

$$T=\frac{\overline{X}-\mu_0}{S/\sqrt{n}} \sim t(n-1)$$

需要注意的是，此时因为方差 σ^2 是未知常数，所以 $U=\dfrac{\overline{X}-\mu_0}{\sigma/\sqrt{n}}$ 不再是此问题的统计量。因此用样本方差 S^2 代替总体方差 σ^2，构造出新的统计量 T，此统计量服从 t 分布。

④ 结合步骤③，且根据 t 分布的对称性和分位点，依据概率

$$P\{拒绝 H_0 \mid H_0 真\}=P\{|T| \geqslant t_{\alpha/2}(n-1)\}=\alpha$$

查 t 分布表可知 $t_{\alpha/2}(n-1)$ 的值，从而确定 H_0 的拒绝域(见图 2.2)。

$$|t|=\left|\frac{\overline{x}-\mu_0}{S/\sqrt{n}}\right| \geqslant t_{\alpha/2}(n-1)$$

⑤根据样本值计算出 $\overline{x}$、样本方差 S^2 以及检验统计量的观测值 $|t|=\left|\dfrac{\overline{x}-\mu_0}{S/\sqrt{n}}\right|$，然后进行判断。若 $|t| \geqslant t_{\alpha/2}(n-1)$，则拒绝 H_0；若 $|t| < t_{\alpha/2}(n-1)$，则接受 H_0。

类似地，也可以得到正态总体 $N(\mu,\sigma^2)$ 的方差 σ^2 未知时，关于 μ 的单边检验。

单个正态总体均值的检验如表 2-2 所示。

因为此检验准则使用了服从 t 分布的 T 统计量，所以常常将此类检验称为 t 检验，或 T 检验。

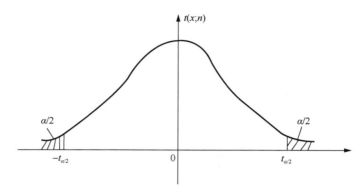

图 2.2 H_0 的拒绝域示意图

表 2-2 单个正态总体均值检验

检验法	条件	H_0	H_1	检验统计量及其分布	H_0 的拒绝域
U 检验	σ^2 已知	$\mu \leqslant \mu_0$	$\mu > \mu_0$	$U = \dfrac{\overline{X}-\mu_0}{\sigma/\sqrt{n}} \sim N(0,1)$	$u \geqslant z_\alpha$
		$\mu \geqslant \mu_0$	$\mu < \mu_0$		$u \leqslant -z_\alpha$
		$\mu = \mu_0$	$\mu \neq \mu_0$		$\lvert u \rvert \geqslant z_{\alpha/2}$
T 检验	σ^2 未知	$\mu \leqslant \mu_0$	$\mu > \mu_0$	$T = \dfrac{\overline{X}-\mu_0}{S/\sqrt{n}} \sim t(n-1)$	$t \geqslant t_\alpha(n-1)$
		$\mu \geqslant \mu_0$	$\mu < \mu_0$		$t \leqslant -t_\alpha(n-1)$
		$\mu = \mu_0$	$\mu \neq \mu_0$		$\lvert t \rvert \geqslant t_{\alpha/2}(n-1)$

2. 单个正态总体方差的检验

根据需要，也可以得到当均值 μ 未知时，方差 σ^2 的检验。下面具体介绍总体方差的双边检验和总体方差的右边检验过程。

(1) 均值 μ 未知时，方差 σ^2 的双边检验。

设 $X_1, X_2, \cdots, X_n$ 是来自正态总体 $X \sim N(\mu, \sigma^2)$ 的一个样本，考虑总体均值 μ 未知时，方差 σ^2 的双边检验，具体检验步骤如下。

① 根据实际问题提出以下假设。

$$H_0 : \sigma^2 = \sigma_0^2; H_1 : \sigma^2 \neq \sigma_0^2$$

② 选定显著性水平 α，确定样本容量 n。

③ 选择恰当的统计量 $\chi^2 = \dfrac{(n-1)S^2}{\sigma^2}$，在 H_0 为真时，检验统计量

$$\chi^2 = \frac{(n-1)S^2}{\sigma_0^2} \sim \chi^2(n-1)$$

④ 结合步骤③，根据概率

$$P\{拒绝H_0 \mid H_0真\}$$

$$= P\left\{ \frac{(n-1)S^2}{\sigma_0^2} \geqslant \chi_{\alpha/2}^2(n-1) 或 \frac{(n-1)S^2}{\sigma_0^2} \leqslant \chi_{1-\alpha/2}^2(n-1) \right\}$$

$$= P\{\chi^2 \geqslant \chi_{\alpha/2}^2(n-1) 或 \chi^2 \leqslant \chi_{1-\alpha/2}^2(n-1)\}$$

$$= \alpha$$

一般习惯上取对称的拒绝域，即

$$P\{\chi^2 \geqslant \chi_{\alpha/2}^2(n-1)\} = \frac{\alpha}{2}$$

$$P\{\chi^2 \leqslant \chi_{1-\alpha/2}^2(n-1)\} = \frac{\alpha}{2}$$

查 χ^2 分布表可知 $\chi_{\alpha/2}^2(n-1)$ 和 $\chi_{1-\alpha/2}^2(n-1)$ 的值，从而确定 H_0 的拒绝域为

$$\chi^2 \geqslant \chi_{\alpha/2}^2(n-1) \tag{2.10}$$

或

$$\chi^2 \leqslant \chi_{1-\alpha/2}^2(n-1) \tag{2.11}$$

⑤ 根据样本值计算出 S^2 以及 $\chi^2 = \frac{(n-1)S^2}{\sigma_0^2}$ ，然后根据式(2.10)和式(2.11)进行判断。若 $\chi^2 \geqslant \chi_{\alpha/2}^2(n-1)$ 或 $\chi^2 \leqslant \chi_{1-\alpha/2}^2(n-1)$ ，则拒绝 H_0 ；若 $\chi_{1-\alpha/2}^2(n-1) < \chi^2 < \chi_{\alpha/2}^2(n-1)$ ，则接受 H_0 。

上述检验准则使用了 χ^2 统计量，因此称此检验方法为 χ^2 检验法。

(2) 均值 μ 未知时，方差 σ^2 的右边检验。

设 $X_1, X_2, \cdots, X_n$ 是来自正态总体 $X \sim N(\mu, \sigma^2)$ 的一个样本，考虑总体均值 μ 未知时，方差 σ^2 的右边检验，具体检验步骤如下。

① 根据实际问题提出以下假设。

$$H_0 : \sigma^2 \leqslant \sigma_0^2 ; H_1 : \sigma^2 > \sigma_0^2$$

② 选定显著性水平 α ，确定样本容量 n 。

③ 选择恰当的统计量 $\chi^2 = \frac{(n-1)S^2}{\sigma^2}$ ，在 H_0 为真时，检验统计量

$$\chi^2 = \frac{(n-1)S^2}{\sigma_0^2} \sim \chi^2(n-1)$$

④ 结合步骤③，根据概率

$$P\left\{ \frac{(n-1)S^2}{\sigma_0^2} \geqslant \chi_\alpha^2(n-1) \right\} = \alpha$$

即

$$P\{\chi^2 \geqslant \chi_\alpha^2(n-1)\} = \alpha$$

查 χ^2 分布表可知 $\chi_\alpha^2(n-1)$ 的值，从而确定 H_0 的拒绝域为

$$\chi^2 \geqslant \chi_\alpha^2(n-1)$$

⑤ 根据样本值计算出 S^2 以及 $\chi^2 = \dfrac{(n-1)S^2}{\sigma_0^2}$，然后进行判断。若 $\chi^2 \geqslant \chi_\alpha^2(n-1)$，则拒绝 H_0；若 $\chi^2 < \chi_\alpha^2(n-1)$，则接受 H_0。

类似地，也可以得到方差 σ^2 的左边检验。

单个正态总体方差的检验如表 2-3 所示。

表 2-3　单个正态总体方差检验

检验法	条件	H_0	H_1	检验统计量及其分布	H_0 的拒绝域
χ^2 检验	μ 未知	$\sigma^2 \leqslant \sigma_0^2$	$\sigma^2 > \sigma_0^2$	$\chi^2 = \dfrac{(n-1)S^2}{\sigma^2} \sim \chi^2(n-1)$	$\chi^2 \geqslant \chi_\alpha^2(n-1)$
		$\sigma^2 \geqslant \sigma_0^2$	$\sigma^2 < \sigma_0^2$		$\chi^2 \geqslant \chi_{1-\alpha}^2(n-1)$
		$\sigma^2 = \sigma_0^2$	$\sigma^2 \neq \sigma_0^2$		$\chi^2 \geqslant \chi_{\alpha/2}^2(n-1)$ 或 $\chi^2 \leqslant \chi_{1-\alpha/2}^2(n-1)$

2.3　方　差　分　析

方差分析是广泛应用在数理统计中的统计分析方法，用于研究多个变量间的差异性与交互作用。方差分析(Analysis of Variance，ANOVA)又称变异数分析，用于两个及两个以上样本均数差别的显著性检验。由于各种因素的影响，研究所得的数据呈现波动状。造成波动的原因可分成两类，一类是不可控的随机因素，另一类是研究中施加的对结果形成影响的可控因素。

2.3.1　问题的提出

例 2.2　在饲料养鸡增肥的研究中，某研究所提出 3 种饲料配方：A_1 是以鱼粉为主的饲料，A_2 是以槐树粉为主的饲料，A_3 是以苜蓿粉为主的饲料。为了比较 3 种饲料的效果，特意选择 24 只相似的雏鸡随机均分为 3 组，每组各喂一种饲料，60 天后观察它们的重量。试验结果如表 2-4 所示。

本例中，目标是要比较 3 种饲料对鸡的增肥作用是否相同。因此，把饲料称为因子，记为 A，3 种不同的配方称为因子 A 的 3 个水平，记为 A_1, A_2, A_3，使用配方 A_i 下第 j 只鸡 60 天后的重量用 y_{ij} 表示，$i=1, 2, 3$，$j=1, 2, \cdots, 8$。若要比较 3 种饲料配方下鸡的平均重量是否相等，首先需要做一些基本假定，把所研究的问题归结为一个统计问题，然后用方差分析的方法进行解决。

表 2-4　鸡饲料试验数据

饲料 A	鸡的重量/g							
A_1	1073	1009	1060	1001	1002	1012	1009	1028
A_2	1107	1092	990	1109	1090	1074	1122	1001
A_3	1093	1029	1080	1021	1022	1032	1029	1048

2.3.2　单因子方差分析统计模型

由于例 2.2 中只考察了一个因子，故称其为单因子试验。一般而言，在单因子试验中，可将因子记为 A，设其有 r 个水平，记为 $A_1, A_2, \cdots, A_r$，在任意水平下考察的指标都可以看成一个总体，现有 r 个水平，所以有 r 个总体，假定：

(1) 每一个总体均为正态总体，记为 $N(\mu_i, \sigma_i^2)$，$i = 1, \cdots, r$；

(2) 各个总体具有相同的方差，记为 $\sigma_1^2 = \sigma_2^2 = \cdots = \sigma_r^2 = \sigma^2$；

(3) 从每一总体中抽取的样本是相互独立的，即所有的试验结果 y_{ij} 都相互独立。

以上 3 个假定都可以用统计的方法进行验证。例如，可利用正态性检验验证假定(1)的成立；利用方差齐性检验验证假定(2)的成立；而试验结果 y_{ij} 的独立性可通过随机化实现，此处的随机化是指所有试验按随机次序进行。

需要做的是比较各水平下的均值是否相同，即需要检验以下的一个假设。

$$H_0 : \mu_1 = \mu_2 = \cdots = \mu_r \tag{2.12}$$

其备择假设为

$$H_1 : \mu_1, \mu_2, \cdots, \mu_r \text{不全相等}$$

在不会引起误解的情况下，H_1 一般可省略。

若 H_0 成立，因子 A 的 r 个水平均值相等，称因子 A 的 r 个水平间没有显著差异，简称因子 A 不显著；反之，当 H_0 不成立时，因子 A 的 r 个水平均值不全相等，这时称因子 A 的不同水平间有显著差异，简称因子 A 显著。

为了对假设(2.12)进行检验，需要从每一水平下的总体抽取样本，设从第 i 个水平下的总体取得 m 个试验结果(简而言之，这里先假设各水平下试验具有相同的重复数，由后面可知，重复数不同时的处理方法与此相似，略有差异)，y_{ij} 表示第 i 个总体的第 j 次重复试验结果。一共可得到 $r \times m$ 个试验结果。

$$y_{ij}, i = 1, 2, \cdots, r, j = 1, 2, \cdots, m$$

其中，r 为水平数，m 为重复数，i 为水平编号，j 为重复编号。

在水平 A_i 下的试验结果 y_{ij} 与该水平下的指标均值 μ_i 一般总是有差距的，记为 $\varepsilon_{ij} = y_{ij} - \mu_i$，$\varepsilon_{ij}$ 称为随机误差。因此有

$$y_{ij} = \mu_i + \varepsilon_{ij} \tag{2.13}$$

式(2.13)称为试验结果 y_{ij} 的数据结构式。把 3 个假定用于数据结构式，因此单因子方差分析的统计模型为

$$\begin{cases} y_{ij} = \mu_i + \varepsilon_{ij}, i = 1, 2, \cdots, r, j = 1, 2, \cdots, m \\ \varepsilon_{ij}\text{相互独立，且都服从} N(0, \sigma^2) \end{cases} \quad (2.14)$$

为方便描述数据，常常在方差分析中引入总均值和效应。称各个 μ_i 的平均(所有试验结果均值的平均)为总均值。

$$\mu = \frac{1}{r}(\mu_1 + \mu_2 + \cdots + \mu_r) = \frac{1}{r}\sum_{i=1}^{r}\mu_i \quad (2.15)$$

第 i 个水平下的均值 μ_i 与总均值 μ 的差

$$a_i = \mu_i - \mu, i = 1, 2, \cdots, r$$

称为因子 A 的第 i 个水平的主效应，简称 A_i 的效应。

易知

$$\sum_{i=1}^{r}a_i = 0$$

$$\mu_i = \mu + a_i$$

这说明了第 i 个总体均值是由总均值和该水平的效应叠加得到的，从而统计模型(2.14)可改写为

$$\begin{cases} y_{ij} = \mu + a_i + \varepsilon_{ij}, i = 1, 2, \cdots, r, j = 1, 2, \cdots, m \\ \sum_{i=1}^{r}a_i = 0 \\ \varepsilon_{ij}\text{相互独立，且都服从} N(0, \sigma^2) \end{cases} \quad (2.16)$$

假设式(2.12)可改写为

$$H_0 : a_1 = a_2 = \cdots = a_r = 0 \quad (2.17)$$

其备择假设为

$$H_1 : a_1, a_2, \cdots, a_r \text{不全为0}$$

2.3.3 平方和分解

1. 试验数据

一般情况下，在单因子方差分析中可将试验数据列成如表 2-5 所示的形式。

表 2-5　单因子方差分析试验数据

因子水平	试验数据				和	平均
A_1	y_{11}	y_{12}	$\cdots$	y_{1m}	T_1	$\overline{y}_{1\cdot}$
A_2	y_{21}	y_{22}	$\cdots$	y_{2m}	T_2	$\overline{y}_{2\cdot}$
$\vdots$	$\vdots$	$\vdots$	$\vdots$	$\vdots$	$\vdots$	$\vdots$
A_r	y_{r1}	y_{r2}	$\cdots$	y_{rm}	T_r	$\overline{y}_{r\cdot}$
					T	$\overline{y}$

表 2-5 最后两列的含义为

$$T_i = \sum_{j=1}^m y_{ij}, \overline{y}_{i\cdot} = \frac{T_i}{m}, i = 1, 2, \cdots, r$$

$$T = \sum_{i=1}^r T_i, \overline{y} = \frac{T}{r \cdot m} = \frac{T}{n}$$

$$n = r \cdot m = 总试验次数$$

2. 组内偏差与组间偏差

数据间是存在差异的,数据 y_{ij} 和总平均 $\overline{y}$ 之间的偏差可表示为 $y_{ij} - \overline{y}$,可分解为两个偏差之和,即

$$y_{ij} - \overline{y} = (y_{ij} - \overline{y}_{i\cdot}) + (\overline{y}_{i\cdot} - \overline{y})$$

记为

$$\overline{\varepsilon}_{i\cdot} = \frac{1}{m} \sum_{j=1}^m \varepsilon_{ij}, \overline{\varepsilon} = \frac{1}{r} \sum_{i=1}^r \overline{\varepsilon}_{i\cdot} = \frac{1}{n} \sum_{i=1}^r \sum_{j=1}^m \varepsilon_{ij}$$

由于

$$y_{ij} - \overline{y}_{i\cdot} = (\mu_i + \varepsilon_{ij}) - (\mu_i + \overline{\varepsilon}_{i\cdot}) = \varepsilon_{ij} - \overline{\varepsilon}_{i\cdot} \tag{2.18}$$

因此,式(2.18)仅反映组内数据和组内平均的随机误差,称为组内偏差;而

$$\overline{y}_{i\cdot} - \overline{y} = (\mu_i + \overline{\varepsilon}_{i\cdot}) - (\mu + \overline{\varepsilon}) = a_i + \overline{\varepsilon}_{i\cdot} - \overline{\varepsilon} \tag{2.19}$$

式(2.19)除反映随机误差外,还反映了第 i 个水平的效应,称为组间偏差。

3. 偏差平方和及其自由度

把 k 个数据 $y_1, y_2, \cdots, y_k$ 分别对其均值 $\overline{y} = (y_1 + y_2 + \cdots + y_k)/k$ 的偏差平方和

$$Q = (y_1 - \overline{y})^2 + (y_2 - \overline{y})^2 + \cdots + (y_k - \overline{y})^2 = \sum_{i=1}^k (y_i - \overline{y})^2$$

称为 k 个数据的偏差平方和,简称平方和。偏差平方和常常用来度量若干个数据的集中或分散程度,用来度量若干个数据间的差异大小。

在构成偏差平方和的 k 个偏差 $y_1 - \overline{y}, y_2 - \overline{y}, \cdots, y_k - \overline{y}$ 间存在一个恒等式

$$\sum_{i=1}^k (y_i - \overline{y}) = 0$$

表明 Q 中独立的偏差有 $k-1$ 个。统计学中,把平方和中的独立偏差个数称为该平方和的自由度,常常记为 f,如 Q 的自由度为 $f_Q = k-1$。

4. 总平方和分解公式

各 y_{ij} 间总的差异大小可用总偏差平方和 S_T 表示,公式为

$$S_T = \sum_{i=1}^r \sum_{j=1}^m (y_{ij} - \overline{y})^2, f_T = n-1$$

仅仅由随机误差引起的数据间的差异用组内偏差平方和表示,也称为误差偏差平方和,用 S_e 表示,公式为

$$S_e = \sum_{i=1}^{r} \sum_{j=1}^{m} (y_{ij} - \overline{y}_{i\cdot})^2, f_e = r(m-1) = n-r$$

由效应不同引起的数据间的差异用组间偏差平方和表示,也称为因子A的偏差平方和,用S_A表示,公式为

$$S_A = m \sum_{i=1}^{r} (\overline{y}_{i\cdot} - \overline{y})^2, f_A = r-1$$

定理 2-1 在上述符号下,总平方和可分解为因子平方和与误差平方和之和,其自由度也具有相应的分解公式,具体而言为

$$S_T = S_A + S_e, f_T = f_A + f_e \tag{2.20}$$

式(2.20)称为总平方和分解式。

<table>
<tr><td>2.3.4</td><td>检验方法</td></tr>
</table>

偏差平方和Q的大小与数据个数(或自由度)有关,一般而言,数据越多,偏差平方和越大。为方便在偏差平方和间进行比较,引入均方和,公式为

$$\text{MS} = Q/f_Q$$

均方和表示平均每个自由度上有多少个平方和,它度量了一组数据的离散程度。

若要比较因子平方和与误差平方和,用均方和进行比较更为合理,它们的均方和分别为

$$\text{MS}_A = S_A/f_A, \text{MS}_e = S_e/f_e$$

因此可用

$$F = \frac{\text{MS}_A}{\text{MS}_e} = \frac{S_A/f_A}{S_e/f_e} \tag{2.21}$$

作为检验H_0的统计量,为给出检验拒绝域,需要用到定理2-2。

定理 2-2 在单因子方差分析模型中,有:

(1) $S_e/\sigma^2 \sim \chi^2(n-r)$,从而$E(S_e) = (n-r)\sigma^2$;

(2) $E(S_A) = (r-1)\sigma^2 + m \sum_{i=1}^{r} a_i^2$,进一步,若$H_0$成立,则有$S_A/\sigma^2 \sim \chi^2(r-1)$;

(3) S_A与S_e独立。

由定理2-2可知,若H_0成立,则式(2.21)定义的检验统计量F服从自由度为f_A和f_e的F分布,所以,根据假设检验理论,可得到拒绝域为

$$W = \{F \geqslant F_{1-\alpha}(f_A, f_e)\} \tag{2.22}$$

一般情况下,将上述计算过程列成一张表格,称为单因子方差分析表,如表2-6所示。

表2-6　单因子方差分析表

来源	平方和	自由度	均方和	F比
因子	S_A	$f_A = r-1$	$\text{MS}_A = S_A/f_A$	$F = \text{MS}_A/\text{MS}_e$
误差	S_e	$f_e = n-r$	$\text{MS}_e = S_e/f_e$	
总和	S_T	$f_T = n-1$		

对于给定的 α，可作以下判断。

(1) 若 $F \geqslant F_{1-\alpha}(f_A, f_e)$，则认为因子 A 显著。

(2) 若 $F < F_{1-\alpha}(f_A, f_e)$，则认为因子 A 不显著。

该检验的 p 值可通过统计软件求出，若 Y 为服从 $F(f_A, f_e)$ 的随机变量，那么该检验的 p 值为 $p = P(Y \geqslant F)$。

通过简单的推导，可得到常用的各偏差平方和的计算公式。

$$S_T = \sum_{i=1}^{r}\sum_{j=1}^{m} y_{ij}^2 - \frac{T^2}{n}$$

$$S_A = \frac{1}{m}\sum_{i=1}^{r} T_i^2 - \frac{T^2}{n}$$

$$S_e = S_T - S_A$$

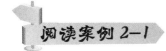

假设检验在粉笔质量判断中的应用

粉笔生产企业经常会遇到如下的问题：粉笔检验标准中要求粉笔的某项缺陷的不合格品率 P 不能超过 3%，现从一批产品中随机抽取 50 支粉笔进行检验，发现有 2 支不合格品，问此批产品能否放行？按照一般的习惯性思维，50 支中有 2 支不合格，不合格品率就是 4%，超过了原来设置的 3% 的不合格品率，因此不能放行。但如果根据假设检验的理论，在 $\alpha = 0.05$ 的显著性水平下，该批产品应该可以放行。这是为什么呢？

最关键的是由于是在一批产品中进行抽样检验，用抽样样本的质量水平来判断整批产品的质量水平，这里就有一个抽样风险的问题。举例来说，一批产品共有 10000 支粉笔，里面有 4 支不合格品，不合格品率是 0.04%，远低于 3%。但这里的检验要求是随机抽样 50 支，用这 50 支的质量水平来判断整批 10000 支的质量水平。如果在 50 支中恰好抽到了 2 支甚至更多的不合格品，简单地用抽到的不合格品数除以 50 作为不合格品率来判断，就会对这批质量水平合格的产品作出误判。

如何科学地进行判断呢？这就要用到假设检验的理论。

1. 假设检验的应用

(1) 建立假设。

要检验的假设是不合格品率 P 是否不超过 3%，因此建立假设为

H_0:　$P \leqslant 0.03$

这是原假设，其意是与检验标准一致。

H_1:　$P > 0.03$

(2) 选择检验统计量，给出拒绝域的形式。

若把比例 P 看成 $n=1$ 的二项分布 $b(1, p)$ 中成功的概率，则可在大样本场合(一般 $n \geqslant 25$)获得参数 p 的近似 μ 的检验，可得样本统计量

$$\mu = \frac{\overline{X} - p}{\sqrt{p(1-p)/n}} \sim N(0,1)$$

其中，$\overline{X} = 2/50 = 0.04$，$p = 0.03$，$n = 50$。

(3) 给出显著性水平 α，常取 $\alpha = 0.05$。

(4) 定出临界值，写出拒绝域 W。

根据 $\alpha = 0.05$ 及备择假设可知，拒绝域 W 为 $\{\mu > \mu_{1-\alpha}\} = \{\mu > \mu_{0.95}\} = \{\mu > 1.645\}$

(5) 由样本观测值求得样本统计量，并判断。

$$\mu = \frac{0.04 - 0.03}{\sqrt{0.03(1-0.03)/50}} = 0.415 < 1.645$$

结论为，在 $\alpha = 0.05$ 时，样本观测值未落在拒绝域，所以不能拒绝原假设，应允许这批产品出厂。

2. 假设检验中的两类错误

进一步研究一下这个例子，在 50 个样品中抽到多少个不合格品，就要拒绝放行呢？

仍取 $\alpha = 0.05$，根据上述公式得出 $\mu = \dfrac{x/50 - 0.03}{\sqrt{0.03(1-0.03)/50}} > 1.645$，解得 $x > 3.48$，也就是在 50 个样品中抽到 4 个不合格品才能判定整批产品为不合格。

而如果改变 α 的取值，也就是改变小概率的取值，如取 $\alpha = 0.01$，认为概率不超过 0.01 的事件发生了就是不合理的，又会怎样呢？还是用上面的公式计算，则得出 $\mu = \dfrac{x/50 - 0.03}{\sqrt{0.03(1-0.03)/50}} > \mu_{0.99} = 2.326$，解得 $x > 4.30$，也就是在 50 个样品中抽到 5 个不合格品才能判定整批产品为不合格。检验要求是不合格品率 P 不能超过 3%，而现在根据 $\alpha = 0.01$，算出来 50 个样品中抽到 5 个不合格品才能判断整批产品为不合格，会不会犯错误呢？假设检验是根据样本的情况作出的统计推断，是推断就会犯错误，因此主要任务是控制犯错误的概率。在假设检验中，有两类错误。

第 1 类错误(弃真错误)：原假设 H_0 为真(批产品质量是合格的)，但由于抽样的随机性(抽到过多的不合格品)，样本落在拒绝域 W 内，从而导致拒绝 H_0(根据样本的情况把批产品质量判断为不合格)。其发生的概率记为 α，也就是显著性水平。α 控制的其实是生产方的风险，也就是生产方所承担的批产品质量合格而不被接受的风险。

第 2 类错误(取伪错误)：原假设 H_0 不真(批产品质量是不合格的)，但由于抽样的随机性(抽到过少的不合格品)，样本落在 W 外，从而导致接受 H_0(根据样本的情况把批产品质量判断为合格)。其发生的概率记为 β。β 控制的其实是使用方的风险，也就是使用方所承担的接受批产品质量不合格的风险。

再回到刚刚计算的例子，α 由 0.05 变化为 0.01，对批产品质量不合格的判断由 50 个样本中出现 4 个不合格变化为 5 个，批产品质量合格而不被接受的风险小了，犯第一类错误的风险小了，也就是生产方的风险小了；但同时随着 α 的减小，对批产品质量不合格的判断条件其实放宽了——50 个样本中出现 4 个不合格变化为 5 个，批产品质量不合格而被接受的风险大了，犯第 2 类错误的风险大了，也就是使用方的风险大了。

在相同样本量下,要使 α 小,必导致 β 大;要使 β 小,必导致 α 大,要同时兼顾生产方和使用方的风险是不可能的。要使 α、β 皆小,只有增大样本量,这又增加了质量成本。

综上所述,假设检验可以告诉我们如何科学地进行质量合格判断,又告诉我们要兼顾生产方和使用方的质量风险,同时考虑质量和成本的问题。

本 章 小 结

本章首先介绍了大数据分析预备知识中常用到的模型评估与选择的基本知识,详细介绍了经验误差与过拟合涉及的一些基本概念,给出了常见的评估方法,且讲述了分类中用到的性能度量方法。然后以正态总体参数的假设检验为例,详细剖析了参数的假设检验的基本过程,重点讲述了单个正态总体均值的检验和方差的检验过程。最后通过例子引出了方差分析的概念,且详细介绍了单因子方差分析统计模型及检验方法。

【关键术语】

(1) 错误率	(2) 误差	(3) 过拟合	(4) 欠拟合
(5) 交叉验证法	(6) t 检验	(7) 偏差平方和	(8) 自由度

习　　题

1. 选择题

(1) 如果有 m 个样本,其中有 n 个分类错误的样本,那么错误率为(　　)。

　　A. m/n　　　　　B. n/m　　　　　C. $n/2m$　　　　　D. $2n/m$

(2) 分类模型实际预测输出与样本的真实输出之间的差异称为(　　)。

　　A. 误差　　　　B. 训练误差　　　C. 泛化误差　　　D. 经验误差

(3) 假设算法有 4 个参数,每个参数考虑 5 个候选值,则对一组训练集和测试集就会有(　　)个模型需要进行考察。

　　A. 20　　　　　　B. 125　　　　　　C. 625　　　　　　D. 1024

(4) 以二分类任务为例,若模型的精度为 80%,那么错误率为(　　)。

　　A. 20%　　　　　B. 40%　　　　　C. 60%　　　　　D. 80%

(5) 常见的模型评估方法有(　　)。

　　A. 留出法　　　B. 交叉验证法　　C. 自助法　　　D. 以上都是

(6) 常将方差 σ^2 未知时,总体均值 μ 的检验称为(　　)。

　　A. U 检验　　　B. 卡方检验　　　C. T 检验　　　D. 以上都不是

2. 判断题

(1) 分类模型在新样本上的误差称为经验误差。　　　　　　　　　　　　　(　　)

(2) 一般而言,查准率高时,查全率往往偏低。　　　　　　　　　　　　　(　　)

(3) 与过拟合相对的就是欠拟合，即会欠缺某些通用特征，导致不符合分类标准的样本也分到相应的类中。　　　　　　　　　　　　　　　　　　　（　　）

(4) 所谓交叉验证法，是先将数据集划分为 k 个大小相似的子集。　　（　　）

(5) 对二分类问题而言，根据样例的真实类别和分类模型预测类别的组合进行划分，可分为真正例、假正例、真反例、假反例。　　　　　　　　　　　　　（　　）

(6) 偏差平方和常常用来度量若干个数据的集中或分散程度，用来度量若干个数据间的差异的大小。　　　　　　　　　　　　　　　　　　　　　　　　　（　　）

3. 简答题

(1) 简述训练误差和泛化误差的概念。

(2) 简述过拟合和欠拟合的概念。

(3) 什么是交叉验证法？

(4) 参数检验的一般步骤是什么？

(5) 对于单个正态总体均值的检验，当方差 σ^2 已知时，总体均值 μ 的右边检验步骤是什么？

(6) 方差分析中均方和的概念及度量意义是什么？

第**3**章
大数据分析常用降维方法

 本章教学要点

知识要点	掌握程度	相关知识
线性判别分析概述和计算过程	熟悉	线性判别分析的基本思想和假设、Fisher 判别准则和线性判别分析的关键步骤
线性判别分析的应用	了解	在脸部识别等领域中线性判别分析的应用
主成分分析概述和计算过程	掌握	主成分的特性、主成分分析的思想和主要步骤
主成分分析的提取标准	熟悉	特征值和解释变异比例等的提取标准
主成分分析的改进	了解	旋转主成分分析和等级主成分分析等方法
因子分析概述和模型	熟悉	因子分析的思想、模型和步骤
因子分析的应用	了解	在心理测验学等领域中因子分析的应用

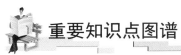 **重要知识点图谱**

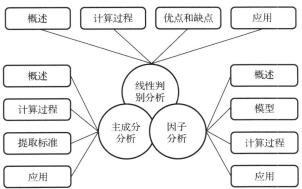

大数据分析中常用的数据库可能会包含多个变量，并且变量之间相互关联，这一现象可能会导致不同角度下的分析结果无法保持一致。例如，在多元回归中基于单个变量的回归结果均不显著，然而由于多重共线性，基于多个变量的回归结果却是显著的。此外，在分析自变量和因变量之间的关系时，保留太多的自变量可能会导致过度拟合问题。因此，本章将介绍几种大数据分析中常用的降维方法，分别是线性判别分析、主成分分析和因子分析。通过这些方法来减少变量的个数，将高维数据投影到低维空间，从而实现高效保存和检索数据，为之后的大数据分析工作奠定基础。

3.1　线性判别分析

线性判别分析(Linear Discriminant Analysis，LDA)是一种典型的线性学习方法，基于统计学、模式识别和机器学习方法，寻找数据特征的线性组合。由于在大数据分析中 LDA能够选择分类性能最好的投影方向，从而得到较好的降维结果，因此本节将对 LDA 的思想、计算步骤和应用等进行介绍。

3.1.1　线性判别分析概述

LDA 最早是由英国统计学家 Fisher 在 1936 年提出的，亦称 Fisher 线性判别。LDA 是一种监督学习的数据降维方法，在进行降维的过程中，利用了数据的类别标签所提供的信息。LDA 作为一种特征提取技术，能够提高数据分析过程中的计算效率。

1．LDA 的基本思想

LDA 的思想是给定训练集，设法将样本投影到直线上，使得同类样本的投影点尽可能接近，异类样本的投影点尽可能远离；在对新样本进行分类时，将其投影到同样的直线上，再根据投影点的位置来确定新样本的类别。LDA 示意图如图 3.1 所示。其中，x 为当前的数据空间，y 为投影后的空间，w^{T} 为映射变化的矩阵，符号“+”和“−”分别表示两种不同的类别数据，椭圆表示数据簇的外轮廓，虚线表示投影，实心圆和实心三角形分别表示两类样本投影后的中心点。LDA 的思想就是要让“+”和“−”的数据中心尽可能远离，而每种类别内的数据投影点尽可能接近。

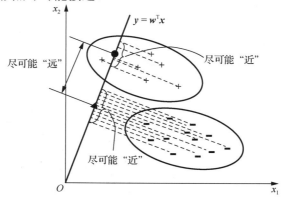

图 3.1　LDA 示意图

2. LDA 的假设

LDA 的假设是数据呈正态分布，各类别数据具有相同的协方差矩阵，以及样本的特征相互独立。LDA 与方差分析紧密相关，都是通过一些特征或测量值的线性组合来表示因变量。然而，两者所用的自变量和因变量类型并不相同，方差分析使用的是类别自变量和连续因变量，而 LDA 则使用的是连续自变量和类别因变量，即类标签。此外，LDA 与逻辑回归相类似，都是用连续自变量来解释类别因变量的。由于 LDA 的基本假设是自变量呈正态分布，当这一假设无法满足时，则可采用逻辑回归来进行分析。

3.1.2 线性判别分析的计算过程

LDA 作为一种监督学习的方法，主要用来降维和提取关键信息。为了方便下文的叙述，先对相关变量的含义进行说明。

(1) C 表示样本的类别数。

(2) μ_i 表示第 i 类样本的均值向量，其中 $i=1, 2, \cdots, C$。

(3) μ 表示样本总体均值向量。

(4) M_i 表示第 i 类样本的数目，其中 $i=1, 2, \cdots, C$。

(5) M 表示样本的总数目。

(6) X_i 表示第 i 类样本集合，其中 $i=1, 2, \cdots, C$。

(7) x 表示某样本，为列向量。

(8) S_W 表示类内散度矩阵。

(9) S_B 表示类间散度矩阵。

其中，第 i 类样本均值的求解公式为

$$\mu_i = \frac{1}{M_i} \sum_{x \in X_i} x \tag{3.1}$$

样本总体均值的求解公式为

$$\mu = \frac{1}{M} \sum_{i=1}^{M} x_i \tag{3.2}$$

LDA 的关键步骤如下。

(1) 对 p 维数据进行标准化处理(p 为特征数量)。

(2) 对于每一类别，计算 p 维的均值向量 μ。

(3) 构造类间散度矩阵 S_B 和类内散度矩阵 S_W。

(4) 计算矩阵 $S_W^{-1} S_B$ 的特征值以及对应的特征向量。

(5) 选取前 k 个特征值所对应的特征向量，构造一个 $p \times k$ 维的转换矩阵 W，其中特征向量以列的形式排列，W 也称投影矩阵。

(6) 使用转换矩阵 W 将样本映射到新的特征子空间上，得到输出样本集，从而实现降维的目的。

类间散度矩阵的提出是为了保证类间的样本投影点尽可能远离，通过选择特征值最大的特征向量所代表的方向作投影，让不同类样本的投影点尽可能远离。类内散度矩阵则是

为了保证类内的样本投影后尽可能接近，通过选择特征值最小的特征向量所代表的方向作投影，让同类样本的投影点尽可能接近。类间散度矩阵和类内散度矩阵的求解公式分别为

$$S_B = \sum_{i=1}^{C} M_i (\boldsymbol{\mu}_i - \boldsymbol{\mu})(\boldsymbol{\mu}_i - \boldsymbol{\mu})^{\mathrm{T}} \tag{3.3}$$

$$S_W = \sum_{i=1}^{C} \sum_{x \in X_i} (\boldsymbol{\mu}_i - x)(\boldsymbol{\mu}_i - x)^{\mathrm{T}} \tag{3.4}$$

式(3.3)中的矩阵$(\boldsymbol{\mu}_i - \boldsymbol{\mu})(\boldsymbol{\mu}_i - \boldsymbol{\mu})^{\mathrm{T}}$其实是一个协方差矩阵，所刻画的是该类与样本总体之间的关系，其中该矩阵对角线上的函数所表示的是该类相对样本总体的方差，即分散度；非对角线上的元素则代表该类样本总体均值的协方差，即该类和总体样本的相关联度或称冗余度。所以式(3.3)表示的是把所有样本中各个样本根据自己所属的类计算出样本与总体的协方差矩阵的总和，这从宏观上描述了所有类和总体之间的离散冗余程度。

同理可知，式(3.4)表示的是类内各个样本和所属类之间的协方差矩阵之和，所刻画的是从总体来看，类内各个样本与类之间的离散度，其中的类特性是由类内各个样本的平均值矩阵所构成的。也就是说，类间离散度矩阵和类内离散度矩阵分别表示了类与类之间的样本的离散度和类内样本和样本之间的离散度。

LDA 通过引入 Fisher 判别准则表达式，降低类间的耦合度，并提高类内的聚合度，即类间离散度矩阵中的数值大，而类内离散度矩阵中的数值小，从而实现数据的降维操作。Fisher 判别准则表达式为

$$J_{\text{fisher}}(\varphi) = \frac{\boldsymbol{\varphi}^{\mathrm{T}} S_B \boldsymbol{\varphi}}{\boldsymbol{\varphi}^{\mathrm{T}} S_W \boldsymbol{\varphi}} \tag{3.5}$$

其中φ为任意的 n 维列向量。Fisher 线性判别分析就是选取使得 J_{fisher} 达到最大值的向量φ作为投影方向，其物理意义就是投影后的样本具有最大的类间离散度和最小的类内离散度。

需要指出的是，由于类间散布矩阵的秩不足，LDA 只能找到 $k-1$ 个使目标函数增大的特征值对应的特征向量，因此不能利用 LDA 将数据投影到大于 $k-1$ 维的子空间中。

3.1.3 线性判别分析的优点和缺点

LDA 作为降维的方法，在数据分析和模式分类等领域中得到了广泛的应用。之所以有如此广泛的应用，其主要原因在于 LDA 具有以下几个优点。

(1) 可以直接求得基于广义特征值问题的解析解，从而避免了在一般非线性算法的构建中所遇到的局部最小问题，无须对模式的输出类别进行人为的编码，从而使 LDA 对不平衡模式类的处理有着明显的优势。

(2) 与神经网络方法相比，LDA 不需要调整参数，因而也不存在学习参数和优化权重以及神经元激活函数的选择等问题。并且 LDA 对模式的归一化或随机化不敏感，而这在基于梯度下降的各种算法中则显得比较有优势。

(3) LDA 在降维过程中可以使用类别的先验知识，并且当样本分类信息依赖方差而非均值的时候，与主成分分析法相比，LDA 的计算效率更优。

虽然 LDA 有着很多的优点，但是也存在着以下不足之处。

(1) LDA 不适合对非正态分布的样本进行降维。

(2) 传统的 LDA 最多将类别数降到 $k-1$，因此，如果要降维的维度小于 $k-1$，则不能使用 LDA。

(3) LDA 在样本分类信息依赖方差而不是均值的时候，降维效果不好。

(4) LDA 可能存在过度拟合数据的问题。

3.1.4　线性判别分析的应用

LDA 作为一种特征提取的技术，具有广泛的应用，其中包括了人脸识别、基于视觉飞行的地平线检测、目标跟踪、信用卡欺诈检测、图像检索和语音识别等。常见的应用领域如下。

1. 破产预测

在基于财务比率和其他金融变量的破产预测中，LDA 是较早被用来系统地解释公司破产的统计学工具。

2. 脸部识别

在计算机化的脸部识别中，每一张脸由大量像素值表达。LDA 的主要作用是把特征的数量降到可管理的数量后再进行分类。每一个新的维度都是模板里像素值的线性组合，使用 Fisher 线性判别得到的线性组合称为 Fisher 脸。

3. 市场营销

在市场营销中，LDA 常用于通过市场调查或其他数据收集手段，找出那些能区分不同客户或产品类型的多个因素。

4. 生物医学

LDA 在医学的主要应用是评估患者的患病严重程度和对疾病结果的预后判断。在生物学中，LDA 常用以划分和定义不同的生物对象。例如，用傅里叶变换红外光谱定义沙门氏菌的噬菌体类别，检测大肠杆菌的动物来源以研究它的毒力因子等。

5. 地质工程

LDA 在地质工程中有着广泛的应用。例如，当能够获取到蚀变带的相关数据时，LDA 可以从数据中找到模式并有效地对蚀变带进行分类。

3.2　主成分分析

在许多领域的研究与应用中，往往需要对反映事物的多个变量进行观测，并且收集大量数据以便进行分析，从而寻找潜在的规律。具有多变量的大样本虽然可以为研究和应用提供丰富的信息，但是也在一定程度上增加了数据采集的工作量，而且许多变量之间可能

存在一定的相关性，从而增加了问题的复杂性。如果分别对每个指标进行分析，分析结果往往是孤立的，而不是综合的。如果盲目减少指标，则会损失很多重要信息，容易产生错误的结论。

因此，需要找到一个合理的方法，在减少指标数量以方便分析的同时，尽量降低因指标减少所带来的信息损失，从而达到对研究对象进行全面分析的目的。由于各变量之间存在一定的相关关系，因此有可能用较少的综合指标分别表示存在于各变量中的信息。主成分分析(Principal Component Analysis，PCA)与 3.3 节将要介绍的因子分析就属于此类降维的方法。本节将对 PCA 的思想、计算过程和应用等进行介绍。

3.2.1 主成分分析概述

PCA 是一种无监督学习的线性特征提取方法，它通过正交变换将一组可能存在相关性的变量转换为一组线性不相关的变量，转换后的这组变量称为主成分。PCA 根据变量相关度创建变量组，是常用的降维方法之一，能够应用于人口统计学、数量地理学、分子动力学模拟、数学建模和数理分析等领域。

1. PCA 的基本思想

PCA 将给定空间里的高维数据简化为低维线性子空间，使所有给定数据点处于该线性子空间内，即对于 n 维数据，PCA 找出一个 k 维线性子空间($k<n$)，并且所有数据点都处于 k 维线性子空间内。

PCA 的基本思想是，通过让原始数据在投影子空间的各个维度的方差最大，将原来众多并具有一定相关性的指标(如 p 个指标)，重新组合成一组新的互相独立的综合指标来代替原来的指标。PCA 研究如何通过少数几个主成分来揭示多个变量间的内部结构，即从原始变量中提取出少量的主成分，使它们尽可能多地保留原始变量的信息，并且彼此间互不相关。通常数学上的处理就是将原来指标进行线性组合，作为新的综合指标。

最经典的做法就是，用 F_1(选取的第 1 个线性组合，即第 1 个综合指标)的方差来表达原来 p 个指标的信息，$\mathrm{Var}(F_1)$ 越大，表示 F_1 包含的信息越多。因此在所有的线性组合中选取的 F_1 应该是方差最大的，故称 F_1 为第一主成分。如果第一主成分不足以代表原来 p 个指标的信息，再考虑选取 F_2，即选取第 2 个线性组合。为了有效地反映原来信息，F_1 已有的信息就不需要再出现在 F_2 中，用数学语言表达就是要求 $\mathrm{cov}(F_1, F_2)=0$，则称 F_2 为第二主成分，依此类推，可以构造出第 $k(k=3, 4, \cdots, p)$ 个主成分。

主成分具有以下几个特性。

(1) 每个主成分的方差为对应该特征向量的特征值，且主成分之间是互不相关的。

(2) 主成分的方差和为原样本总体的方差和(又称总惯量)，即特征值之和等于协方差矩阵对角线元素之和。

(3) 主成分根据所提供的信息排序，第 1 个主成分返回的信息最多。

(4) 任意原始变量与所有主成分的相关系数平方和为 1。

(5) 任意主成分与所有原始变量相关系数的平方乘以对应原始变量的方差再求和，求得的值为该主成分对应的特征值。

(6) 主成分数量小于或等于原始变量数，并且与原始变量相比，主成分(至少第 1 个主成分)的随机波动较小。

当描述群体内 n 个个体的 p 个变量都为数值时，每个个体可以由 p 维空间 $\mathbf{R}^p$ 中的一个点表示，这组个体称为点云。当 $p \leqslant 2$ 时，个体之间的距离可以通过对点云的简单观测清晰地了解。当 $p=3$ 时，对点云的观测变得困难。当 $p>3$ 时，对点云的观测变得不可能实现，在此情况下，需要将空间 $\mathbf{R}^p$ 简化成 $\mathbf{R}^2$ 或 $\mathbf{R}^3$。

2. PCA 与 LDA 的对比

PCA 和 LDA 都是经典的降维算法。PCA 是无监督学习的方法，训练样本不需要类别标签；而 LDA 是监督学习的方法，也就是训练样本需要类别标签。PCA 是去除掉原始数据中冗余的维度；而 LDA 是寻找一个维度，使得原始数据在该维度上投影后不同类别的数据尽可能分离开来，相同类别的数据尽可能靠近。PCA 和 LDA 的相同点具体如下。

(1) PCA 和 LDA 均可以对数据进行降维。

(2) PCA 和 LDA 都假设数据是符合高斯分布的。

(3) PCA 和 LDA 均利用了矩阵特征分解的思想。

PCA 和 LDA 有以下几个不同点。

(1) PCA 是无监督学习方法，训练样本不需要类别标签；而 LDA 则属于监督学习方法，训练样本需要类别标签。

(2) PCA 的目的是去掉原始数据冗余的维度；而 LDA 则是选择一个最佳的投影方向，使得投影后相同类别的数据分布紧凑，不同类别的数据尽量相互远离。概括来说，PCA 选择样本点投影具有最大方差的方向，LDA 选择分类性能最好的方向。

(3) LDA 关注的是样本的判别特征；PCA 则是侧重于描述特征。

(4) PCA 降维是直接与特征维度相关的，如原始数据是 p 维的，那么可以降维到的维度为 $1 \sim p$，即特征向量的维度为 $1 \sim p$；LDA 降维是直接与类别的个数 C 相关的，与数据本身的维度没有关联，如原始数据是 p 维的，一共有 C 个类别，那么可以降维到的维度为 $1 \sim C-1$，即特征向量的维度为 $1 \sim C-1$。

(5) PCA 投影的坐标系都是正交的；而 LDA 是基于类别的标注，侧重的是分类能力，因此不需要投影到的坐标系是正交的。

3.2.2　主成分分析的计算过程

PCA 将 n 维特征映射到 k 维上($k<n$)，这个 k 维特征称为主成分，是重新构造出来的 k 维特征，而不是简单地从 n 维特征中去除其余 $n-k$ 维特征。假设有 m 条的 n 维数据，PCA 计算过程的主要步骤如下。

(1) 将原始数据按列组成 n 行 m 列矩阵 $\textbf{\textit{X}}$。

(2) 将 X 的每一行(代表一个属性字段)进行标准化，如中心化或均值化。

(3) 求协方差矩阵、协方差矩阵的特征值和特征向量。

(4) 将特征值按照从大到小的顺序排序，选择其中最大的 k 个，然后将其对应的 k 个特征向量分别作为列向量组成特征向量矩阵 P。

(5) 将样本点投影到选取的特征向量上，$Y=PX$ 即为降维到 k 维后的数据。

PCA 的目标是最大化变量在某个坐标轴上投影坐标的平方和，这等价于最大化变量在该坐标轴上的相关系数平方和。该坐标轴指出了最大的解释变异值的方向，而具有该属性的坐标轴则称为因子轴。

PCA 其实是一种正交投影，它使得原始数据在投影子空间的各个维度的方差最大，也就是要想将 n 维的数据投影到 k 维的空间上($k<n$)，首先求出这 n 维数据的协方差矩阵，然后求出其前 k 个最大的特征值所对应的特征向量，即为所求的投影空间的基。

下面举例说明 PCA 的计算过程，假设原始数据构成的矩阵为

$$X = \begin{bmatrix} -1 & -1 & 0 & 2 & 0 \\ -2 & 0 & 0 & 1 & 1 \end{bmatrix}$$

由于该矩阵的每行已经是零均值，则无须再进行标准化，因此直接求其协方差矩阵为

$$C = \frac{1}{5}\begin{bmatrix} -1 & -1 & 0 & 2 & 0 \\ -2 & 0 & 0 & 1 & 1 \end{bmatrix}\begin{bmatrix} -1 & -2 \\ -1 & 0 \\ 0 & 0 \\ 2 & 1 \\ 0 & 1 \end{bmatrix} = \begin{bmatrix} \dfrac{6}{5} & \dfrac{4}{5} \\ \dfrac{4}{5} & \dfrac{6}{5} \end{bmatrix}$$

然后求其特征值和特征向量，具体求解方法不再详述。求解后特征值为 $\lambda_1=2$ 和 $\lambda_2=0.4$，其对应的特征向量分别是 $c_1(1,1)^{\mathrm{T}}$ 和 $c_2(-1,1)^{\mathrm{T}}$，其中 c_1 和 c_2 可取任意实数。

因此标准化后的特征向量矩阵为

$$P = \begin{bmatrix} \dfrac{1}{\sqrt{2}} & \dfrac{1}{\sqrt{2}} \\ -\dfrac{1}{\sqrt{2}} & \dfrac{1}{\sqrt{2}} \end{bmatrix}$$

验证协方差矩阵 C 的对角化，得

$$PCP^{\mathrm{T}} = \begin{bmatrix} \dfrac{1}{\sqrt{2}} & \dfrac{1}{\sqrt{2}} \\ -\dfrac{1}{\sqrt{2}} & \dfrac{1}{\sqrt{2}} \end{bmatrix}\begin{bmatrix} \dfrac{6}{5} & \dfrac{4}{5} \\ \dfrac{4}{5} & \dfrac{6}{5} \end{bmatrix}\begin{bmatrix} \dfrac{1}{\sqrt{2}} & -\dfrac{1}{\sqrt{2}} \\ \dfrac{1}{\sqrt{2}} & \dfrac{1}{\sqrt{2}} \end{bmatrix} = \begin{bmatrix} 2 & 0 \\ 0 & \dfrac{2}{5} \end{bmatrix}$$

最后用矩阵 P 的第 1 行乘以原始数据构成的矩阵，就可得到降维后的数据，即

$$Y = \begin{bmatrix} \dfrac{1}{\sqrt{2}} & \dfrac{1}{\sqrt{2}} \end{bmatrix}\begin{bmatrix} -1 & -1 & 0 & 2 & 0 \\ -2 & 0 & 0 & 1 & 1 \end{bmatrix} = \begin{bmatrix} -\dfrac{3}{\sqrt{2}} & -\dfrac{1}{\sqrt{2}} & 0 & \dfrac{3}{\sqrt{2}} & \dfrac{1}{\sqrt{2}} \end{bmatrix}$$

用 PCA 进行降维的投影结果如图 3.2 所示。

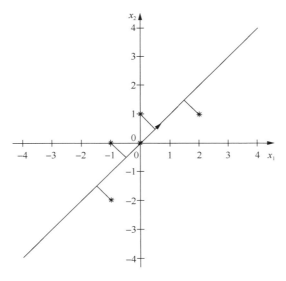

图 3.2 PCA 投影结果示例

3.2.3 主成分分析的提取标准

主成分分析是通过减少不同解释性成分的个数来进行降维的，因此，如何提取主成分成了影响降维结果好坏的关键问题。在实际中提取主成分通常有以下几个标准。

1. 特征值标准

特征值总和可以解释为包含在由主成分得出的模型中原始变量的个数，并且特征值为 1 表示该成分将解释 "1 个变量价值" 的变异。因此特征值标准的原理是，每一个主成分应当解释至少一个变量价值的变异性，也就是说，只有特征值大于 1 的主成分应当保留。但需要注意的是，如果少于 20 个变量，特征值标准通常提取较少的主成分，而当变量超过 50 个时，特征值标准则变成提取较多的主成分。

2. 解释变异的比例标准

在确定主成分之前，分析人员首先要定义好主成分应该具有的变异程度，然后逐一选择主成分，直到达到解释变异的期望比例为止。解释变异的期望比例的选取问题，类似于线性回归中相关系数的值如何确定问题。该比例的选取与多个因素有关。例如，所在的研究领域，社会科学家可能满足于解释变异比例为 60% 左右的情况，因为数据的收集受到主观因素的影响，而自然科学家则可能期望主成分能够解释 90% 以上的变异性，因为数据的测量较为客观。再如，主成分如果仅用于描述，如客户相貌的话，那么相比于其他的目的可以采取较低的比例，但是如果主成分用于替代原始数据集或者标准化后的数据集，并且用于进一步的模型推理，那么应该提高相应的比例。

3. 最小共性标准

主成分分析并不是提取变量的所有变异，而是提取不同变量间共有的部分变异，共性

所代表的正是这一部分的变异。共性能够表示各变量在主成分分析中的总体重要性，较高的共性值说明主成分成功地提取了初始变量的大部分波动，而较低的共性值则表示仍有一些未被主成分解释的波动。最小共性标准就是提取的成分刚好能够满足这些变量的总体贡献值大于某个特定阈值的情况。

4. 坡度图标准

坡度图是以成分数为自变量，特征值为因变量绘制而成的曲线，可用于确定合适的主成分个数。坡度图的示例如图 3.3 所示。大部分的坡度图在形状上相似，都是左侧起始于较高位置，之后迅速下降，然后从某一点开始趋于平缓，这是因为第 1 个主成分通常能够解释很多变异量，而之后的主成分解释程度适中，最后的主成分则只能解释较少的变异。

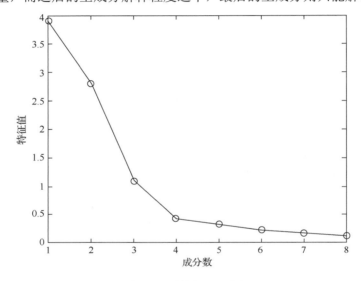

图 3.3　坡度图的示例

坡度图标准是"特征值—成分数"曲线开始趋于平缓的分界点作为主成分提取个数的最佳值。例如，在图 3.3 中，在第 4 个主成分之后的曲线趋于平缓，说明之后的主成分所能解释的变异总量不大，所以此时应该提取的主成分个数为 4。

3.2.4　主成分分析的应用

1. PCA 的应用

PCA 本质上是将方差最大的方向作为主要特征，并且在各个正交方向上将数据独立开来，也就是让它们在不同正交方向上没有相关性。PCA 主要有以下几个方面的应用。

(1) 降低所研究的数据空间的维数。即用研究 m 维的 Y 空间代替 p 维的 X 空间($m<p$)，而低维的 Y 空间代替高维的 X 空间时所损失的信息很少。即使只有一个主成分 F_1，即 $m=1$ 时，这个 F_1 仍是基于全部变量得到的。例如，F_1 的均值需要通过计算全部变量的均值来得到。在所选的前 m 个主成分中，如果某个 F_i 的系数全部近似于 0，就可以把这个 F_i 删除，这也是一种删除多余变量的方法。

例如，用 PCA 降低语音性别识别实验中所用数据集的维度，该数据集原来的数据维度为 20，降维的效果如图 3.4 所示。其中，黑色、深灰和浅灰三色分别代表总计、男性和女性，柱状图为各主成分的贡献率，折线图为前若干个主成分的累计贡献率。可以发现，主成分贡献率逐渐减小，越靠前的主成分贡献率越大。一般而言，降维过程中要求能够保留原数据 85%以上的信息。在本例中前 5 个主成分的累计贡献率就达到了这一要求，因此理论上可以直接将 20 维数据降到 5 维，也就是数据量减少 75%而信息量只减少 15%。

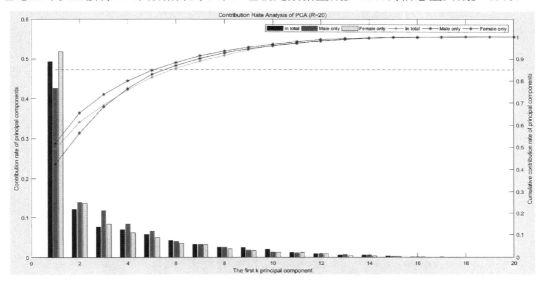

图 3.4　语音数据集主成分分析

(2) 有时可通过因子载荷 a_{ij} 的结论，弄清 X 变量间的某些关系。因子载荷的相关概念将在 3.3 节进行介绍，在此不再赘述。

(3) 多维数据的一种图形表示方法。由于维数大于 3 时不能直观画出几何图形，而多元统计研究的问题大都多于 3 个变量，此时要把研究的问题用图形表示出来是不可能的。然而，经过主成分分析后，可以选取前两个主成分或其中某两个主成分，根据主成分的得分，画出 n 个样本在二维平面上的分布情况，由图形可直观地看出各样本在主成分中的地位，进而还可以对样本进行分类处理，发现远离大多数样本的离群点。

(4) 用于构造回归模型，即把各主成分作为新自变量代替原来自变量进行回归分析。

(5) 用于筛选回归变量。通过用较少的计算量来选择变量，构成最佳变量集合，从而使模型本身易于进行结构分析、控制和预报。

(6) 用于图像压缩。用 PCA 进行图像压缩的核心公式为

$$P_{k \times n} X_{n \times m} = Y_{k \times m}$$

PCA 的思路是假设用矩阵 $X_{n \times m}$ 表示一整张 n 行 m 列的图像，通过矩阵 $P_{k \times n}$ 将其降至 k 维，得到 k 行 m 列矩阵 $Y_{k \times m}$。那么反过来，只要知道矩阵 $P_{k \times n}$ 和 $Y_{k \times m}$，就能计算出矩阵 $X_{n \times m}$，而矩阵 $P_{k \times n}$ 和 $Y_{k \times m}$ 的数据量是可以小于矩阵 $X_{n \times m}$ 的，因此定义保留的数据量与原图像数据量之比为压缩率，则使用 PCA 进行图像压缩的压缩率为

$$\rho = \frac{k(m+n)}{mn}$$

在实际处理中，往往是将原图像无重叠拆分成 m 个子图，每个子图拉成一个长度为 n 的列向量来拼成原矩阵 $X_{n\times m}$ 的。假设一张图像的长宽都是 512 像素，则有 $mn=512^2$，因此

$$\rho = \frac{k(m+n)}{mn} \geqslant \frac{2k\sqrt{mn}}{mn} \geqslant \frac{2k}{\sqrt{mn}} = \frac{k}{256}$$

若将这张图拆分为 8×8 的小图，那么 $n=64$，$m=4096$，根据 PCA 原理，需满足 $k\leqslant n$，不妨令 $k=32$，此时原图信息仍能保留绝大部分，而压缩率为 50.78%，相当于数据量减少一半而信息几乎不丢失。图 3.5 所示为用 PCA 进行图像压缩的效果。其中，图 3.5(a)为原图，图 3.5(b)~(f)分别是抽取 1、2、4、8 和 16 个主成分经 PCA 压缩还原后的效果，压缩比例分别是 64∶1、32∶1、16∶1、8∶1 和 4∶1。

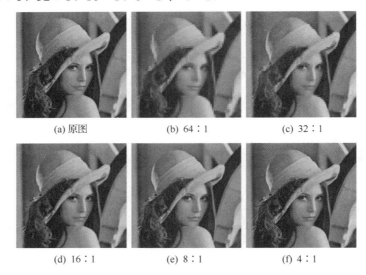

(a) 原图   (b) 64∶1   (c) 32∶1

(d) 16∶1   (e) 8∶1   (f) 4∶1

图 3.5 用 PCA 进行图像压缩的效果

从图 3.5 可知，当保留 4 个特征向量时，重构的图像与原图在视觉效果上基本没有区别，虽然其压缩比例高达 16∶1，但是并没导致图像严重失真，并且还保持有较高的清晰度，且当主成分抽取越多重构效果越好。

2. PCA 的改进

虽然 PCA 有以上的应用，但是它也存在着局限性，如无法直接用于解决高阶相关性问题，而且 PCA 假设数据各主成分是分布在正交方向上，如果在非正交方向上存在几个方差较大的方向，PCA 的效果就减弱了很多。此外，PCA 是一种无参数技术，如果不考虑清洗或没有引入主观参数，那么就无法实现个性化的优化。

针对经典 PCA 存在的不足之处，主要有以下几种改进方法。

(1) 使用旋转的 PCA。

PCA 的优势是在第 1 个轴上的投影的解释变异量最大，但是当需要识别个体分组时，由于变量倾向投影于第 1 个轴的方向，变量的自然分组并不能清晰地观察，这可能会成为 PCA 的弱点。解决该问题的方法之一是利用旋转的 PCA，通过得到不同轴上变量的最佳分布，用另一个标准代替第 1 个轴上提供最大惯量(最大方差)的标准，以获得更简单的解释。需要说明的是，在任何情况下，总惯量在旋转之后并不会改变，改变的只是其分解方式。

使用旋转的 PCA 方法中应用最广泛的是方差最大化正交旋转 PCA。这种方法基于最大化每个因子相关系数方差的原则，其结果是每个因子都与某些变量强相关，而与其他变量弱相关。因此，某些变量对每个轴都有较高的贡献值，而其余变量的贡献值则较低。

(2) 等级主成分分析。

如果存在异常值(极值)或完全非对称的分布，PCA 提供的变量归约可能不足以得到满意的结果。此时，在变量的等级上进行分析可能比使用变量本身更有效，也就是等级 PCA 比经典的 PCA 更健壮。

在等级 PCA 中，用 Spearman 等级相关系数矩阵替代 Pearson 相关矩阵。但实际上，用变量的等级替代变量值之后，Spearman 等级相关系数 ρ 的计算方法与 Pearson 相关系数相似。

$$\rho = \frac{\text{cov}(r_x, r_y)}{\sigma_{r_x} \cdot \sigma_{r_y}} \tag{3.6}$$

(3) 针对定性变量或数值变量的主成分分析。

当处理定性变量或具有非线性关系的数值变量时，经典的 PCA 则不再适用，因此基于定性变量或数值变量的主成分分析被提出，用于解决该问题。该方法也可以应用于经过最优变换得到的数值变量的分析工作。

3.3　因　子　分　析

因子分析(Factor Analysis，FA)与 PCA 相似，也是一种降维方法，一种简化数据的技术，通过研究众多变量之间的内部依赖关系，使用少数且抽象的变量来表示其基本的数据结构。这几个抽象的变量被称为因子，能反映原来众多变量的主要信息。原始的变量是可观测的显在变量，而因子一般是不可观测的潜在变量。

因子分析是一种通过显在变量测评潜在变量，通过具体指标测评抽象因子的统计分析方法。例如，在研究区域社会经济发展中，描绘社会与经济现象的指标有很多，而过多的指标容易导致分析过程复杂化，因此需要从这些关系复杂的指标中提取少数几个主要因子，每个因子都能反映相互依赖的社会经济指标间的共同作用，从而对复杂的社会经济发展问题进行深入的分析。本节将对因子分析的思想、计算过程和应用等进行介绍。

3.3.1　因子分析概述

因子分析是研究从变量群中提取公共因子的统计技术，是由英国心理学家 Spearman 所提出的。他发现学生的各科成绩之间存在着一定的相关性，某一门学科成绩好的学生，

往往其他科成绩也比较好，从而推想是否存在某些潜在的公共因子，或称某些一般智力条件影响着学生的学习成绩。因子分析可在许多变量中找出隐藏的具有代表性的因子，将相同本质的变量归入一个因子，还能减少变量的个数，也可用于检验变量间关系的假设。

1. 因子分析的基本思想

因子分析的基本思想是根据相关性大小把原始变量分组，使得同组内的变量之间相关性较高，而不同组中的变量之间的相关性较低。每组变量代表一个基本结构，并用一个不可观测的综合变量表示，这个基本结构就称为公共因子。对于所研究的某一具体问题，原始变量就可以分解成两部分之和的形式，一部分是少数几个不可测的公共因子的线性函数，另一部分是与公共因子无关的特殊因子。在经济统计中，描述一种经济现象的指标可以有很多，如要反映物价的变动情况，对各种商品的价格进行全面调查固然可以达到目的，但这样做显然耗时耗力，因此可以利用因子分析进行降维，确定出少数几个因子，从而方便之后的统计工作。

2. 因子分析和主成分分析的联系与区别

在主成分分析中，新变量是原始变量的线性组合，即将多个原始变量经过线性变换得到新的变量。而在因子分析中，是对原始变量间的内在相关结构进行分组，相关性强的分在一组，组间相关性较弱，这样各组变量代表一个基本要素(公共因子)。通过原始变量之间的复杂关系对原始变量进行分解，得到公共因子和特殊因子。将原始变量表示成公共因子的线性组合。其中公共因子是所有原始变量中所共同具有的特征，而特殊因子则是原始变量所特有的部分。因子分析强调对新变量(因子)的实际意义的解释。

因子分析和主成分分析有着以下的联系。

(1) 都是降维和信息提取的方法，基于多变量的相关系数矩阵，在确保较少信息缺失的前提下，用少数几个不相关的综合变量概括多个变量的信息，即让多个变量之间存在较强的相关性。

(2) 生成的新变量均代表了原始变量的大部分信息且互相独立，都可以用于后续的回归分析、判别分析、聚类分析等。

因子分析和主成分分析的区别有以下几点。

(1) 因子分析是把变量表示成各因子的线性组合，而主成分分析则是把主成分表示成各个变量的线性组合。主成分分析仅仅是变量变换，用原始变量的线性组合表示新的综合变量，即主成分。因子分析需要构造因子模型，用潜在变量和随机变量的线性组合表示原始变量。因子模型估计出来后，还需要对所得的公共因子进行解释。

(2) 主成分分析不需要有假设，而因子分析则需要一些假设，假设包括各个公共因子之间不相关，特殊因子之间不相关，公共因子和特殊因子之间也不相关。

(3) 因子分析中提取主因子的方法不仅仅有主成分法，还有极大似然法和最小二乘法等，基于这些不同算法得到的结果一般也不同。而主成分分析中提取主成分只能用主成分法提取。

(4) 主成分分析中，当给定的协方差矩阵或相关矩阵的特征值唯一时，主成分一般是固定的，而因子分析中因子则不是固定的，可以旋转得到不同的因子。

(5) 因子分析中，因子个数需要分析者指定，并且指定的因子数量不同，结果也会随之不同。而在主成分分析中，成分的数量一般是一定的。

(6) 和主成分分析相比，由于因子分析可以使用旋转技术帮助解释因子，在解释方面更加有优势。但是如果想把现有的变量转换成少数几个新的变量来进行后续的分析，此时也可以使用主成分分析。

3.3.2　因子分析的模型

因子分析的目的是通过降维来找到能代表原始数据的公共因子和特殊因子，可以用于寻找变量组合间的基本结构，将具有复杂关系的对象(变量或样本)综合为少数几个因子(不可观测的随机变量)，从而再现因子与原始变量之间的内在联系；也可以用于分类，对 p 个变量或 n 个样本进行分类。例如，为了了解学生的学习能力，观测 n 个学生 p 个科目的学习成绩，通过对所有的成绩进行归纳分析，可以看出各个科目 X_i 由两部分组成。

$$X_i = \alpha_i F + \varepsilon_i \tag{3.7}$$

式(3.7)中，第 1 部分中的 F 是对所有科目均起作用的公共因子，表示智商的高低，它的系数称为因子载荷，表示第 i 个科目在公共因子上的体现；第 2 部分是某一科目特有的特殊因子。

式(3.7)是一种较为简单的因子模型，只包含一个因子。可以将其推广到多个因子的情况，假如科目共有的因子有 m 个，那么该模型可写为

$$X_i = \alpha_{i_1} F_1 + \alpha_{i_2} F_2 + \cdots + \alpha_{i_m} F_m + \varepsilon_i \tag{3.8}$$

根据研究对象的不同，即变量或样本，因子分析可以分为 R 型和 Q 型。本节主要介绍 R 型，即研究变量之间的相关关系。

1. 正交因子模型

设 X 是 p 维可观测的随机向量，并且已知 X 的均值和协方差矩阵；F 是 m 维不可观测的随机向量(代表 m 个因子)，均值为 0，协方差矩阵为单位对角矩阵，即因子间的协方差为 0，因子方差为 1。另有 p 维特殊因子向量与 F 不相关，均值为 0，协方差矩阵为对角矩阵。则正交因子模型为

$$X_p - \mu_p = \alpha_{p_1} F_1 + \alpha_{p_2} F_2 + \cdots + \alpha_{p_m} F_m + \varepsilon_p \tag{3.9}$$

当因子载荷不为 0 时，从模型中可以看出，公共因子对所有的变量均起作用，而特殊因子只对相应的变量起作用。模型中 F_i 的系数所构成的矩阵 A 为带估计的系数矩阵，称为因子载荷矩阵。α_{ij} 称为第 i 个变量在第 j 个因子上的载荷。

2. 正交因子模型中各个变量的统计学意义

(1) 因子载荷的统计学意义。

变量 X_i 与因子 F_i 的协方差为 α_{ij}，如果变量是标准化之后的，则 α_{ij} 亦为它们之间的相关系数。在统计学上，把 α_{ij} 称为权重，反映了第 i 个变量在第 j 个公共因子上的相对重要性。

(2) 变量共同度的统计学意义。

因子载荷矩阵 A 中各行元素的平方和称为变量 X_i 的共同度。因为变量 X_i 的方差由两部分构成：一部分是全部公共因子对变量 X_i 的方差所做出的贡献，称为公共因子方差；另一部分是特殊因子产生的方差，称为剩余方差，而公共因子方差反映了 X_i 对公共因子的共同依赖程度，所以称其为变量 X_i 的共同度，即因子载荷矩阵 A 中各行元素的平方和为变量 X_i 的共同度。

(3) 公共因子 F_i 方差贡献率的统计学意义。

因子载荷矩阵 A 中各列元素的平方和(即公共因子 F_i 方差)称为第 j 个因子对 X 的贡献，反映了 F_i 对 X 的所有分量的总影响，是衡量 F_i 相对重要性的指标。

3. 参数估计方法

因子分析的目的是用少数几个公共因子来描述 p 个相关变量间的协方差结构。在建立因子模型时，首先要估计因子载荷矩阵 A 和特殊因子的方差，而常用的方法有主成分法、未加权最小平方法、广义最小平方法、极大似然法、主轴因式分解法、Alpha 因式分解法和映像因式分解等，其中最常用的方法是主成分法。

3.3.3 因子分析的计算过程

因子分析的核心问题有两个：一是如何构造因子变量；二是如何对因子变量进行命名解释。因此，因子分析的基本步骤和解决思路就是围绕这两个核心问题展开的。

1. 因子分析的基本步骤和计算过程

因子分析常常有以下基本步骤。

(1) 确认待分析的原变量是否适合进行因子分析。

(2) 构造因子变量。

(3) 利用旋转方法使因子变量更具有可解释性。

(4) 计算因子变量得分。

因子分析的具体计算过程如下。

(1) 将原始数据标准化，以消除变量间在数量级和量纲上的不同。

(2) 求标准化数据的相关矩阵。

(3) 求相关矩阵的特征值和特征向量。

(4) 计算方差贡献率与累积方差贡献率。

(5) 设 p 个因子分别为 F_1，F_2，$\cdots$，F_p，其中前 m 个因子包含的数据信息总量，即其累计贡献率不低于 80% 时，取前 m 个因子来反映原评价指标。

(6) 若所得的 m 个因子无法确定或其实际意义不明显，此时需将因子进行旋转以获得较为明显的实际含义。因子旋转的相关内容将在下文进行介绍。

(7) 用原指标的线性组合来求各因子得分。可采用回归估计法、Bartlett 估计法或 Thomson 估计法计算因子得分。如何估计因子得分将在下文进行介绍。

(8) 以各因子的方差贡献率为权重，由各因子的线性组合得到综合评价指标函数，其中 $F = (w_1 F_1 + w_2 F_2 + \cdots + w_m F_m)/(w_1 + w_2 + \cdots + w_m)$，$w_i$ 为旋转前或旋转后因子的方差贡献率。

(9) 利用综合得分得到得分名次。

2. 因子旋转

建立因子分析模型的目的不仅是找出主因子，更重要的是要知道每个主因子的意义，以便对实际问题进行分析。如果求出主因子的解后，各个主因子表示的意义不是很突出，还需要进行因子旋转，通过适当地旋转得到比较满意的主因子。

因子旋转的方法分为两类，分别是正交旋转和斜交旋转，其中最常用的方法是最大方差正交旋转法。因子旋转其实就是要使因子载荷矩阵中因子载荷的平方值向 0 和 1 两个方向分化，使大的载荷更大，小的载荷更小。因子旋转过程中，如果因子对应轴相互正交，则称为正交旋转；如果因子对应轴相互间不是正交的，则称为斜交旋转。

3. 因子得分

因子分析模型建立后，还有一个重要的作用是应用因子分析模型去评价每个样品在整个模型中的地位，即进行综合评价。例如，地区经济发展的因子分析模型建立后，希望知道每个地区经济发展的情况，把地区经济划分归类，哪些地区发展较快、哪些地区中等发达、哪些地区发展较慢等。这时需要将公共因子用变量的线性组合来表示，也即由地区经济的各项指标值来估计它的因子得分。

设公共因子 F 由变量 x 表示的线性组合为 $F_j = \mu_{j1}x_{j1} + \mu_{j2}x_{j2} + \cdots + \mu_{jp}x_{jp}$，$j=1, 2, \cdots, m$。该式称为因子得分函数，由它来计算每个样品的公共因子得分。若取 $m=2$，则将每个样品的 p 个变量代入上式即可算出每个样品的因子得分 F_1 和 F_2，并将其在平面上绘制因子得分散点图(见图 3.6)，进而对样品进行分类或对原始数据进行更深入的研究。

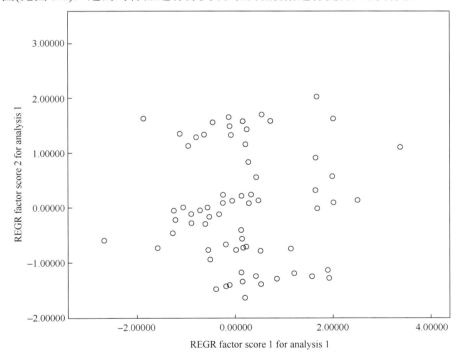

图 3.6 因子得分散点图示例

因为因子得分函数中方程的个数 m 小于变量的个数 p,所以不能精确计算出因子得分,只能对因子得分进行估计。估计因子得分的方法较多,常用的有回归估计法、Bartlett 估计法、Thomson 估计法。

需要指出的是,因为有一些统计工具,如 SPSS 和 R 软件提供了因子分析降维方法(见图 3.7),并且操作简单,所以在实际应用中,分析人员一般是直接利用这些工具进行因子分析,从而将工作的重心放在对结果的解释和分析上。

分析(A)	直销(M)	图形(G)	实用程序(U)	窗口(W)	帮助

报告	▶			
描述统计	▶			
表(T)	▶			
比较均值(M)	▶	月生活费	一年线上音乐的…
一般线性模型(G)	▶	2000	1
广义线性模型	▶	2000	4
混合模型(X)	▶	2000	1
相关(C)	▶	2000	1
回归(R)	▶	3000	1
对数线性模型(O)	▶	1800	1
神经网络	▶	2000	1
分类(F)	▶	1500	1
		1500	
降维	▶	因子分析(F)…	1
度量(S)	▶	对应分析(C)…	1
非参数检验(N)	▶	最优尺度(O)…	1
预测(T)	▶	2090	1
生存函数(S)	▶	1500	1

图 3.7 SPSS 软件中的因子分析界面

3.3.4 因子分析的应用

因子分析的用途是通过识别变量之间的现有关系,减少统计模型中的变量个数。因子分析可应用于多个领域,如心理测验、营销和市场调研等。

1. 心理测验中的因子分析

因子分析在心理测验的应用源于 Spearman 的发现,即学生在互不相关的各学科上的成绩存在正相关。基于该发现,他提出了一个称为 g 理论的假设,根据这一理论,人的一般心理能力是发展逻辑思考能力的原因。如今,因子分析可用于识别描述不同心理测试结果的因素,如智力、个性、态度和信念等。因子分析为心理测验所带来的好处是识别变量之间的关系,通过组合变量减少了变量的个数。

2. 营销中的因子分析

因子分析能够评估营销点,如产品价格的变化对产品销售的影响。营销中使用因子分析的优势在于可以识别潜在的维度,能够使用客观和主观的变量,操作简单且高效。

3. 市场调研中的因子分析

由于因子分析能够处理多个具有一定相关性的变量,在市场调研的各个领域中有着广泛的应用。例如，消费者使用习惯和态度研究中往往需要利用因子分析，寻找影响消费者使用习惯和态度的基本因子，在此基础上，利用各因子对消费者进行聚类分析，从而达到市场细分的目的。

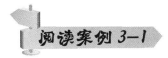

顾客感知价值构成维度的因子分析

目前，我国证券公司之间的竞争日趋激烈，要想更好地生存与发展，吸引并留住更多的顾客是关键，为了更好地留住顾客，就必须从顾客视角看待产品或服务的价值(顾客感知价值)，开拓一条实现顾客忠诚的重要路径，挖掘顾客深层次需求，制定顾客感知价值导向的策略。为了实现这个目标，以福州证券公司个人客户为研究对象，通过问卷调查，借助 SPSS 软件，应用因子分析算法，对我国证券公司顾客感知价值构成维度进行分析，明确证券公司顾客所希望获得的价值。证券公司顾客感知价值构成维度如图 3.8 所示。

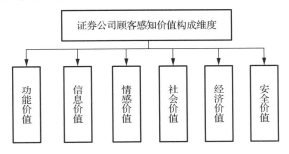

图 3.8　证券公司顾客感知价值构成维度

调查问卷顾客感知价值的调查结果是否确实反映了概念模型，可以用 SPSS 软件提供的因子分析算法，从中分离或提取出一些共同的要素，检验这些要素是否反映了概念模型的 6 个维度。因子分析的操作界面如图 3.9 所示。其中旋转设置如图 3.10 所示。

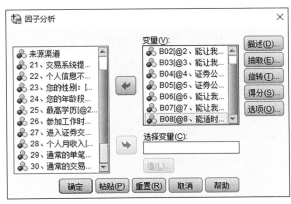

图 3.9　因子分析操作界面

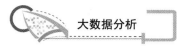

图 3.10　旋转设置

1．KMO 和 Bartlett 的检验结果

SPSS 软件的因子分析算法提供了 KMO 和 Bartlett 的球形度检验来考察数据是否适合进行因子分析，如图 3.11 所示。当 KMO 值越大，说明变量间的共同因素越多，越适合进行因子分析(0.9 以上表示非常适合，0.8 表示适合)。Bartlett 的球形度检验是对系数矩阵的检验，sig 值越小说明相关性越高，变量也就越适合进行因子分析。

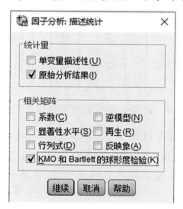

图 3.11　KMO 和 Bartlett 设置

调查问卷数据检验结果如图 3.12 所示。Bartlett 的球形度检验概率值为 0，远小于 0.01，可以认为各项目间有比较明显的相关关系，同时 KMO 值为.862(表示时省略小数点前的 0)，说明数据适合进行因子分析。

提样足够度的Kaiser-Meyer-01kin度量		.862
Bartlett的球形度检验	近似卡方	1791.326
	df	190.000
	Sig.	.000

图 3.12　KMO 和 Bartlett 的检验结果

2．变量共同度

图 3.13 所示为因子分析的初始解。其中第 3 列列出了按照"特征根大于 1"这一提取条件提取特征根时的变量共同度。可以看到，所有变量的大部分信息可被因子解释，变量信息丢失较少，因此本次因子提取效果还算可以。

	初始	提取
A1、能让我的资金保值增值	1.0000	.686
A2、能获得我所需要的产品或服务	1.0000	.680
A3、能让我获得增值的产品或服务	1.0000	.568
A4、能让我获得及时的信息和行情信息	1.0000	.271
A5、能让我获得可靠的信息和行情信息	1.0000	.476
A6、能让我获得有用的信息和行情信息	1.0000	.667
A7、能让我在亲戚和朋友处有好的印象	1.0000	.695
A8、能让人觉得我的社会地位较高	1.0000	.680
A9、营业部交通便利，使人觉得我选择的公司是有实力的	1.0000	.573
A10、能让我觉得自己是有品味的，并感受到自身形象的提升	1.0000	.682
A11、能让我有被重视的感觉	1.0000	.497
A12、能给我带来愉快的感觉	1.0000	.499
A13、令我觉得放松、舒适	1.0000	.557
A14、能让我所支付的佣金率较低	1.0000	.390
A15、能让我转账方便	1.0000	.462
A16、能让我办理业务手续方便	1.0000	.494
A17、能让我的交易速度快	1.0000	.543
A18、能给我稳健且安全的交易环境	1.0000	.617
A19、能给我提供具有充分的保证措施的交易系统	1.0000	.602
A20、能让我的个人信息不被泄露	1.0000	.490

图 3.13　因子分析的初始解

3．确定因子个数

图 3.14 所示为特征值及方差贡献率。按照"特征根大于 1"，可以选取 5 个因子，累计方差贡献率为 55.638%，说明 5 个因子基本包含了全部变量的主要信息。从贡献率[列(8)]可以看出因子相对重要性：因子 1 解释约 15.67% 的变异，因子 2 解释约 12.81% 的变异，因子 3 解释约 10.16% 的变异；因子 4 解释约 9.77% 的变异，因子 5 解释约 7.25% 的变异。

成分	初始特征值			提取平方和载入			旋转平方和载入		
	合计	方差的/%	累计/%	合计	方差的/%	累计/%	合计	方差的/%	累计/%
	(1)	(2)	(3)	(4)	(5)	(6)	(7)	(8)	(9)
1	5.364	26.822	26.822	5.364	26.822	26.822	3.133	15.666	15.666
2	2.518	12.589	39.411	2.518	12.589	39.411	2.561	12.807	28.472
3	1.177	5.885	45.296	1.177	5.885	45.296	2.031	10.156	38.628
4	1.063	5.316	50.612	1.063	5.316	50.612	1.953	9.765	48.393
5	1.005	5.026	55.638	1.005	5.026	55.638	1.449	7.245	55.638
6	.938	4.690	60.328						
...	...	...	...						
20	.291	1.457	100.000						

图 3.14　特征值及方差贡献率

4. 因子含义分析

从图 3.15 可以看出,第 1 个因子在 A17、A18、A19、A20、A1、A2、A3 这些问题的载荷系数较大,从这几个问题来看是包含原构成维度模型设想中的功能价值和安全价值,合并这两个维度命名为功能价值(维度 1);第 2 个因子在 A11、A12、A13 这些问题的载荷系数较大,从这几个问题内容来看是包含原构成维度模型设想中的情感价值,用情感价值(维度 2)来命名;第 3 个因子在第 A7、A8、A9、A10 这些问题的载荷系数较大,从这几个问题内容来看是包含原构成维度模型设想中的社会价值,用社会价值(维度 3)来命名;第 4 个因子在 A4、A5、A6 这些问题的载荷系数较大,从这几个问题内容来看是包含原构成维度模型设想中的信息价值,用信息价值(维度 4)来命名;第 5 个因子在 A14、A15、A16 这些问题的载荷系数较大,从这几个问题内容来看是包含原构成维度模型设想中的经济价值,用经济价值(维度 5)来命名。

	成分				
	1	2	3	4	5
A17	.675				
A18	.753				
A19	.755				
A20	.671				
A1	.533				
A2	.766				
A3	.475				
A4					
A5				.321	
A6				.490	
A14				.571	
A15					.487
A16					.486
A7					.471
A8			.825		
A9			.821		
A10			.471		
A11			.813		
A12		.657			
A13		.614			
A14		.498			

提取方法: 主成分。
旋转法: 具有 Kaiser 标准化的正交旋转法。旋转在 8 次迭代后收敛。

图 3.15 旋转后成分矩阵

5. 结论和启示

实证检验的结果表明,实证得到的证券公司顾客感知价值模型包含功能价值、情感价值、社会价值、信息价值及经济价值这 5 个构成维度。第一是顾客最看重的功能价值,第二是情感价值,第三是社会价值,第四是信息价值,第五是经济价值。由此可知,提高顾客的功能价值是形成顾客良好感知的最主要因素。

实证得到的顾客感知价值模型与根据理论得到的概念模型略有差异。实证得到的模型中,功能价值维度包含原来所假设的功能价值维度和安全价值维度,其他维度都保持不变。

这说明顾客在获得功能价值时是与安全紧密联系在一起的。也就是说，经过因子分析，概念模型的 6 个维度，可以修正为功能价值、情感价值、社会价值、信息价值和经济价值。

（资料来源：https://m.sohu.com/a/212839343_100091665.[2021-9-11]）

本 章 小 结

本章主要介绍了大数据分析中常用的降维方法，分别是线性判别分析、主成分分析和因子分析，并分别阐述了这些方法的基本思想和计算过程。在线性判别分析的部分，分析了线性判别分析的优点和缺点。在主成分分析部分，讲述了主成分的特性和提取标准，并且介绍了几种改进的主成分分析方法。在因子分析部分，解释了因子分析模型中变量的统计学意义，并且对因子分析的应用进行了简要的介绍。总之，利用这些降维方法，减少了变量的个数，实现了高效保存和检索数据，从而方便分析人员进行之后的研究工作。

【关键术语】

(1) 类间散度矩阵　　　(2) 类内散度矩阵　　　(3) 主成分
(4) 共性　　　　　　　(5) 坡度图　　　　　　(6) 因子载荷

习　　题

1. 选择题

(1) 在主成分分析中，当(　　)时，个体之间的距离可以通过对点云的直观观测来了解到。

    A. $p<2$　　　　　　B. $p>3$　　　　　　C. $p=3$　　　　　　D. $p<3$

(2) 以下属于 PCA 应用的是(　　)。

    A. 降低数据维数　　　　　　　　B. 构造回归模型
    C. 筛选回归变量　　　　　　　　D. 以上都是

(3) 在因子分析中，以下不能用于计算因子得分的是(　　)。

    A. Bartlett 估计法　　　　　　　B. 主成分法
    C. 回归估计法　　　　　　　　　D. Thomson 估计法

(4) LDA 适合于分布类型为(　　)的数据。

    A. 泊松分布　　　B. 偏态分布　　　C. 正态分布　　　D. 指数分布

(5) 以下不能用于求解因子载荷方法的是(　　)。

    A. 主成分法　　　　　　　　　　B. 回归分析法
    C. 主轴因式分解法　　　　　　　D. 极大似然法

(6) 通过选择一个最佳的投影方向进行降维的方法是(　　)。

    A. 因子分析　　　B. PCA　　　　　C. LDA　　　　　D. 等级 PCA

2. 判断题

(1) 与 PCA 相同，LDA 也是一种无监督学习的方法。　　　　　　　　( )
(2) 数据呈正态分布是 LDA 的基本假设。　　　　　　　　　　　　( )
(3) PCA 能够降维的维度与类别个数有关，而 LDA 则是和特征维度相关的。 ( )
(4) LDA 能够应用于要降维的数据维度小于 $k-1$ 的情况。　　　　　　( )
(5) 因子分析中是把变量表示成各因子的线性组合，而主成分分析中则是把主成分表示成各个变量的线性组合。　　　　　　　　　　　　　　　　　　( )
(6) 主成分分析和因子分析都不需要假设。　　　　　　　　　　　　( )

3. 简答题

(1) 简述 LDA 的优点和缺点。
(2) PCA 和 LDA 的相同点与不同点有哪些？
(3) 简述 PCA 中主成分的提取标准。
(4) LDA 的基本思想和假设是什么？
(5) 简述 FA 和 PCA 的联系与区别。
(6) PCA 中的主成分有哪些特性？

第4章
大数据分析常用方法

 本章教学要点

知识要点	掌握程度	相关知识
关联分析的概念	掌握	频繁项集和关联规则的概念以及 Apriori 和 FP-Growth 等算法
关联规则的评估	熟悉	提升度和卡方系数等的评估标准及比较
分类分析的概念	掌握	信息熵的概念以及决策树和支持向量机等算法
分类模型的评估	了解	分类准确率和计算复杂度等的评估标准
聚类分析的概念	掌握	聚类方法性能要求和聚类方法类型以及 k-means 和 DBSCAN 等算法
聚类结果的评估	了解	聚类结果评估的内容

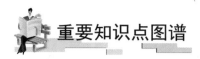

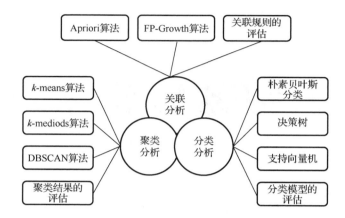

数据分析是指用适当的统计分析方法对收集来的大量数据进行分析，将它们加以汇总、理解并消化，以求最大化地开发数据的功能并发挥数据的作用。数据分析是为了提取有用信息并形成结论而对数据加以详细研究和概括总结的过程。大数据对企业来说是非常有价值的财富，只有掌握了正确的大数据分析方法和大数据处理模式，才能起到事半功倍的效果。本章将介绍几种大数据分析的常用方法，分别为关联分析、分类分析和聚类分析。

4.1 关 联 分 析

关联规则是日常生活中在认识客观事物的过程中形成的一种认知模式。例如，通过观察哪些商品经常被购买，可以了解用户的购买行为，从而帮助商家盈利。在大数据分析中，从大规模数据集中寻找物品间的隐含关系称为关联分析。以商品推荐为例，寻找物品不同组合的核心问题是一项十分耗时的任务，所需的计算代价很高，穷举的搜索方法并不能解决该问题，需要采用更高效的方法在合理的时间内找到频繁项集，而关联分析能够很好地解决这一问题。本节将对关联分析的概念、常用算法和评价标准等进行介绍。

4.1.1 关联分析的概念

关系是指人与人之间、人与事物之间、事物与事物之间的相互联系。而关联分析正是在大数据中寻找有趣关系的方法。其中有趣关系分为 2 种，即频繁项集和关联规则。

1. 频繁项集和关联规则

频繁项集是经常出现在一起的物品的集合。关联规则是暗示两种物品之间可能存在较强的关系。下面举例说明两者的概念。表 4-1 为某个超市的购物记录。

表 4-1　超市的购物记录

交易号码	商品
0	豆奶，莴苣
1	莴苣，尿布，啤酒，甜菜
2	豆奶，尿布，啤酒，橙汁
3	莴苣，豆奶，尿布，啤酒
4	莴苣，豆奶，尿布，橙汁

在找出频繁项集和关联规则之前，需要先定义以下 2 个相关的概念。

(1) 支持度(support)。这是项集中包含该项集的记录所占的比例。例如，项集 $\{A,B\}$ 的支持度，表示同时包含 A 和 B 的记录占所有记录的比例。如果用 $P(A)$ 表示项 A 的比例，那么项集 $\{A,B\}$ 的支持度就是 $P(A\cup B)$。在表 4-1 中，{豆奶}的支持度为 80%，{豆奶, 尿布}的支持度为 60%。支持度是针对项集来说的，因此一般设定一个最小支持度(阈值)。进行关联分析时，只保留满足最小支持度的项集，这些项集称为频繁项集。

(2) 可信度(confidence)。它是针对关联规则来定义的，表示包含项 A 的记录中同时包含项 B 的比例，即同时包含项 A 和 B 的记录占所有包含项 A 记录的比例，即 $P(A\cup B)/P(A)$。

例如，规则{尿布}→{啤酒}的可信度被定义为"支持度({尿布, 啤酒})/支持度({尿布})"，由于{尿布,啤酒}的支持度为 60%，尿布的支持度为 80%，所以{尿布}→{啤酒}的可信度为 75%。这意味着对于包含"尿布"的所有记录，该规则对其中 75%的记录都适用。

由于频繁项集是指经常出现在一起的物品的集合，所以当规定最小支持度(阈值)为 50%时，{豆奶,尿布}则为频繁项集的一个例子。从这个数据集中还可以找到满足最小支持度的关联规则有{尿布}→{啤酒}，即如果一个顾客购买了尿布，那么他很有可能会买啤酒。

衡量一个关联规则时，如果既满足最小支持度，也满足最小可信度，那么就称为强关联规则。如果只满足其中一个，则称为弱关联规则。

2. 先验原理

为了得到有用的关联规则，大多数的关联分析算法采用的策略是将其分解为以下 3 个子任务。

(1) 根据最小支持度，找出数据集中所有的频繁项集。

(2) 挖掘频繁项集中满足最小支持度和最小可信度要求的规则，得到强关联规则。

(3) 对产生的强关联规则进行剪枝，找出有用的关联规则。

通常，产生频繁项集所需的计算开销远大于产生规则所需的计算开销，因此需要降低频繁项集的计算复杂度。先验原理是指如果一个项集是频繁的，那么它的所有子集也一定是频繁的。例如，假定 $\{C, D, E\}$ 是频繁项集，那么它的子集 $\{C\}$、$\{D\}$、$\{E\}$、$\{C, D\}$、$\{C, E\}$ 和 $\{D, E\}$ 也一定是频繁的。该性质属于一种特殊的分类，称为反单调，意指如果一个集合不能通过测试，则它的所有超集也都不能通过相同的测试。例如，项集 $\{a,b\}$ 是非频繁的，则它的所有超集也一定是非频繁的，即一旦发现 $\{a,b\}$ 是非频繁的，则包含 $\{a,b\}$ 超集的整

个子图可以被立即剪枝，这种基于支持度度量修剪指数搜索空间的策略称为基于支持度的剪枝。该剪枝策略依赖于支持度度量的一个关键性质，即一个项集的支持度绝不会超过它的子集的支持度，这个性质也被称为支持度度量的反单调性。

利用先验原理，能够实现不需要计算支持度而删除某些候选项集，从而提高计算效率。

Apriori 算法

计算元素之间不同组合的支持度和可信度是一个十分耗时的任务，会耗费大量昂贵的计算资源，这就需要更高效的方法在合理的时间范围内找到频繁项集。Apriori 算法就是发现频繁项集的一种常用方法。

1. Apriori 算法的基本思想

Apriori 算法的输入参数有 2 个：最小支持度和数据集。该算法的基本思想是，使用候选项集查找频繁项集，使用逐层搜索的迭代方法，通过频繁 k-项集来查找频繁$(k+1)$-项集。首先找出频繁 1-项集的集合 L_1，然后利用 L_1 和先验原理查找频繁 2-项集的集合 L_2，L_2 再被用于查找 L_3，如此下去，直到不能找到更大的频繁项集。查找一次频繁项集，就需要扫描一次数据库。

2. Apriori 算法的步骤

Apriori 算法的关键是如何用频繁$(k-1)$-项集 L_{k-1} 查找频繁 k-项集 L_k。它包括以下 4 个步骤。

(1) 扫描数据库，得到所有出现过的数据，作为候选频繁 1-项集 C_1。

(2) 挖掘频繁 k-项集。

① 扫描数据库，计算候选 k-项集的支持度。

② 剪枝去掉候选频繁 k-项集中不满足最小支持度 α 的元素，得到频繁 k-项集 L_k。如果频繁 k-项集为空，则返回频繁$(k-1)$-项集的集合作为算法结果，算法结束。如果得到的频繁 k-项集只有一项，则直接返回频繁 k-项集的集合作为算法结果，算法结束。

③ 基于频繁 k-项集，连接生成候选频繁$(k+1)$-项集。

(3) 令 $k=k+1$，转步骤(2)。

(4) 用频繁项集寻找关联规则。

① 循环结束后获得最大项集 $L=L_1 \cup L_2 \cup \cdots \cup L_k$。

② 仅考虑其中项集长度大于 1 的频繁项集，计算其所有非真子集，两两计算可信度，得到大于最小可信度的即为强关联规则。

在 Apriori 算法中，主要用到了连接和剪枝两个操作。

(1) 连接是将频繁$(k-1)$-项集 L_{k-1} 与自己连接产生候选频繁 k-项集 C_k。L_{k-1} 中某个元素与其中另一个元素可以执行连接操作的前提是它们中有 $k-2$ 个项是相同的，即只有一个项是不同的。例如，项集$\{I_1, I_2\}$与$\{I_1, I_5\}$连接之后产生的项集是$\{I_1, I_2, I_5\}$，而$\{I_1, I_2\}$与$\{I_3, I_4\}$则不能进行连接操作。

(2) 剪枝。因为候选频繁项集 C_k 中的元素有的是频繁的，有的是不频繁的，但所有的频繁 k-项集都包含在 C_k 中，所以 C_k 为 L_k 的一个父集。扫描数据库，确定 C_k 中每个候选项集出现的次数(计数)，从而确定 L_k，即根据定义，计数值不小于最小支持度计数的所有候选集是频繁的，从而属于 L_k。

然而，当 C_k 很大时所涉及的计算量就会过多，因此为了压缩 C_k，删除其中肯定不是频繁项集的元素，可以利用 Apriori 的性质，即任何非频繁的$(k-1)$-项集都不可能是频繁 k-项集的子集。也就是说，如果一个候选 k-项集的$(k-1)$-子集不在 L_{k-1} 中，则该候选项集也不可能是频繁的，从而可以从 C_k 中删除。这种子集测试可以使用所有频繁项集的散列树来快速完成。

下面举例说明 Apriori 算法的过程。如图 4.1 所示，假设其中最小支持度为 50%，最小可信度为 70%，频繁项集及关联规则的求解过程如下。

(1) 第 1 次扫描数据库并剪枝，删除小于最小支持度的项集，得到频繁 1-项集 L_1。

(2) 对 L_1 进行连接操作，得到候选频繁 2-项集 C_2。

(3) 再次扫描数据库，除去小于最小支持度的元素，得到频繁 2-项集 L_2。

(4) 对 L_2 进行连接操作，得到候选频繁 3-项集 C_3。

(5) 对 C_3 进行第 3 次扫描数据库，得到频繁 3-项集 $L_3=\{\{B,C,E\}\}$。

(6) 最大项集 $L=L_1 \bigcup L_2 \bigcup L_3=\{\{A\}, \{B\}, \{C\}, \{E\}, \{A,C\}, \{B,C\}, \{B,E\}, \{C,E\}, \{B,C,E\}\}$。

(7) 仅考虑项集长度大于 1 的频繁项集。例如，$\{B,C,E\}$，它的所有非真子集为$\{B\}$、$\{C\}$、$\{E\}$、$\{B,C\}$、$\{B,E\}$、$\{C,E\}$，分别计算关联规则$\{B\}\rightarrow\{C,E\}$、$\{C\}\rightarrow\{B,E\}$、$\{E\}\rightarrow\{B,C\}$、$\{B,C\}\rightarrow\{E\}$、$\{B,E\}\rightarrow\{C\}$、$\{C,E\}\rightarrow\{B\}$的可信度，其值分别为 67%、67%、67%、100%、67%、100%。由于最小置信度为 70%，可得$\{B,C\}\rightarrow\{E\}$、$\{C,E\}\rightarrow\{B\}$为强关联关系。

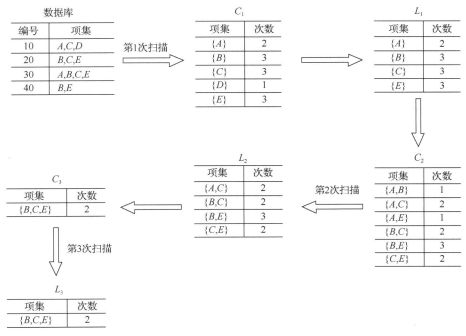

图 4.1　Apriori 算法示例

Apriori 算法从单个项构成的项集开始，通过组合满足最小支持度要求的项集来形成更大的集合，从而找到所有的频繁项集。但是当数据集很大，数据种类很多的时候，候选频繁项集中的元素个数会呈指数级增长，而且由于 Apriori 算法每轮迭代都要扫描数据库，因此该算法效率会很低。下面介绍的 FP-Growth 算法，由于只需要对数据库进行 2 次遍历，能够显著加快查找频繁项集的速度，从而可以有效地克服 Apriori 算法的缺点。

4.1.3 FP-Growth 算法

FP-Growth 算法是基于 Apriori 算法构建的，但由于采用高级的数据结构减少了对数据库的扫描次数，即只需要对数据库进行 2 次扫描，因此 FP-Growth 算法的速度要比 Apriori 算法快得多。在得到所有的频繁项集之后 FP-Growth 算法产生关联规则的步骤与 Apriori 算法是相同的。

FP-Growth 算法的基本思想是，将树型结构引入算法中，采取分治策略，将数据库压缩到一棵称为频繁模式树的数据结构中，但仍保留频繁项集的所有关联信息。FP-Growth 算法的过程如下。

(1) 先扫描一次数据库，得到单元素项集。定义一个最小支持度计数(元素出现的最少次数)，删除那些小于最小支持度计数的单元素项集，得到频繁 1-项集。然后根据单元素的出现次数，按递减顺序重新调整数据库各记录中元素的排列顺序。

(2) 第 2 次扫描数据库，创建项头表(从上往下降序)和频繁模式树(FP-Tree)。

(3) 对于每个元素(可以按照从下往上的顺序)找到其条件模式基(conditional pattern base)，递归调用树结构，删除小于最小支持度计数的节点。如果最终呈现单一路径的树结构，则直接列举所有组合；非单一路径的则继续调用树结构，直到形成单一路径即可。

下面举例说明 FP-Growth 算法的过程。假设数据库中的记录如表 4-2 所示，则使用 FP-Growth 算法确定频繁项集的过程如下。

表 4-2 数据库记录

编号	记录
1	I_1, I_2, I_5, I_6
2	I_2, I_4
3	I_2, I_3, I_8
4	I_1, I_2, I_4
5	I_1, I_3
6	I_2, I_3
7	I_1, I_3
8	I_1, I_2, I_3, I_5
9	I_1, I_2, I_3, I_7

(1) 扫描数据库，对每个元素进行计数，定义最小支持度计数为 2 次，得到频繁 1-项集，并按出现次数由多到少排序，如表 4-3 所示。

表 4-3 频繁 1-项集

元素	支持度
I_2	7
I_1	6
I_3	6
I_4	2
I_5	2

(2) 再次扫描数据库，删除那些出现次数小于最小支持度计数的元素，并且按照各元素支持度的降序重新排列各记录中的元素，调整后如表 4-4 所示。初始时，新建一个根节点，标记为 Null。

表 4-4 重新调整后的数据库记录

编号	记录
1	I_2, I_1, I_5
2	I_2, I_4
3	I_2, I_3
4	I_2, I_1, I_4
5	I_1, I_3
6	I_2, I_3
7	I_1, I_3
8	I_2, I_1, I_3, I_5
9	I_2, I_1, I_3

① 第 1 条记录 $\{I_2, I_1, I_5\}$，新建一个 $\{I_2\}$ 节点，将其插入到根节点下，并设次数为 1，再新建一个 $\{I_1\}$ 节点，插入到 $\{I_2\}$ 节点下面，最后新建一个 $\{I_5\}$ 节点，插入到 $\{I_1\}$ 节点下面。插入后结果如图 4.2 所示。

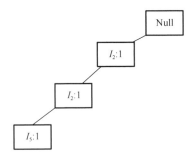

图 4.2 FP-Growth 算法第 1 条记录

② 第 2 条记录 $\{I_2, I_4\}$，发现根节点有儿子 $\{I_2\}$，因此不需要新建节点，只需将原来的

$\{I_2\}$ 节点的次数加 1 即可，随后新建 $\{I_4\}$ 节点插入到 $\{I_2\}$ 节点下面。插入后结果如图 4.3 所示。

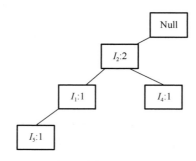

图 4.3　FP-Growth 算法第 2 条记录

③ 以此类推，分析第 5 条记录：$\{I_1, I_3\}$，发现根节点没有儿子 $\{I_1\}$，因此新建一个 $\{I_1\}$ 节点，并设次数为 1，插在根节点下面。随后新建节点 $\{I_3\}$ 插入到 $\{I_1\}$ 节点下面。插入后结果如图 4.4 所示。

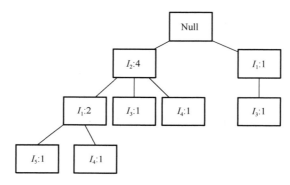

图 4.4　FP-Growth 算法第 5 条记录

④ 按照以上步骤，得到项头表和频繁模式树，如图 4.5 所示。

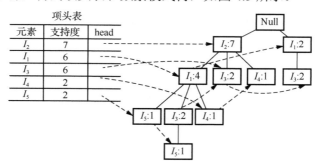

图 4.5　项头表和频繁模式树

(3) 按照单个元素支持度从小到大的顺序，得到各个元素的条件模式基，递归调用树结构，删除小于最小支持度计数的节点，从而找到频繁项集。

条件模式基是以所查找元素项为结尾的路径集合。简而言之，一条前缀路径就是介于所查找元素与根节点之间的所有内容。例如，I_3 在频繁模式树中一共出现了 3 次，其祖先路径分别是 $\{I_2, I_1:2\}$、$\{I_2:2\}$ 和 $\{I_1:2\}$。这 3 个祖先路径的集合就是 I_3 的条件模式基。

查找频繁项集的步骤如下。

按照单个元素支持度从小到大的顺序，即从 $\{I_5\}$ 开始，根据 $\{I_5\}$ 的线索链找到所有的 $\{I_5\}$ 节点，然后找出每个 $\{I_5\}$ 节点的分支，即 $\{I_2, I_1, I_5:1\}$ 和 $\{I_2, I_1, I_3, I_5:1\}$，其中"1"表示出现 1 次。注意，虽然 $\{I_2\}$ 出现 7 次，但 $\{I_2, I_1, I_5\}$ 和 $\{I_2, I_1, I_3, I_5\}$ 都只同时出现 1 次，因此分支的计数是由后缀节点 $\{I_5\}$ 的计数决定的。除去 $\{I_5\}$，可以得到对应的两条前缀路径 $\{I_2, I_1:1\}$ 和 $\{I_2, I_1, I_3:1\}$。根据前缀路径，可以生成一棵条件频繁模式树(Conditional FP-Tree)，构造方式与之前构造频繁模式树一样，此处的数据记录如表 4-5 所示。

表 4-5　$\{I_5\}$ 的条件模式基

编号	记录
1	I_2, I_1
2	I_2, I_1, I_3

最小支持度计数仍然是 2，按照表 4-5，构造 $\{I_5\}$ 的条件频繁模式树，如图 4.6 所示。

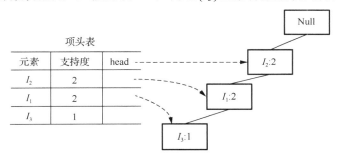

图 4.6　$\{I_5\}$ 的条件频繁模式树

在图 4.6 中，删除小于支持度的节点 $\{I_3:1\}$，形成单条路径后进行组合，得到 I_5 的频繁项集为 $\{\{I_2, I_5:2\}、\{I_1, I_5:2\}、\{I_2, I_1, I_5:2\}\}$。同理，可以得出 I_4 的频繁项集为 $\{\{I_2, I_4:2\}\}$，I_3 的频繁项集为 $\{\{I_2, I_3:4\}、\{I_1, I_3:4\}、\{I_2, I_1, I_3:2\}\}$，$I_1$ 的频繁项集为 $\{\{I_2, I_1:4\}\}$。

FP-Growth 算法作为一种用于发现数据集中频繁模式的有效方法，利用 Apriori 原则，只需对数据集扫描 2 次，第 1 次是对所有元素的出现次数进行计数，第 2 次扫描则只考虑那些频繁的元素。

关联分析是数据分析中比较重要的方法，在计算机辅助进行的数据处理中，所有关于频繁项集的问题都能用基于关系型数据库的统计方法进行分析，如果数据规模巨大，则可以用分布式关系型数据库或抽样数据进行分析。关联分析在农业、军事、医学等领域有着广泛的应用，是帮助人们认识事物之间关联的重要手段。

4.1.4　关联规则的评估

由前文可知，关联规则可以用支持度和可信度来评估，如果一个规则满足最小支持度

和最小可信度，那么该规则被称为强关联规则。但是可信度和支持度有时候并不能度量规则的实际意义和业务关注的兴趣点，下面将通过例子来进行说明。

假设某一个交易数据集共有 10000 条记录，其中购买游戏光碟的有 6000 条，购买影片光碟的有 7500 条，既购买游戏光碟又购买影片光碟的有 4000 条，相关数据如表 4-6 所示。现要分析购买游戏光碟和购买影片光碟之间的关联关系，设置最小支持度为 30%，最小可信度为 60%。

表 4-6　数据库记录

	购买游戏光碟	不购买游戏光碟	行总计
购买影片光碟	4000	3500	7500
不购买影片光碟	2000	500	2500
列总计	6000	4000	10000

从表 4-6 中的数据可以得到，{购买游戏光碟, 购买影片光碟}的支持度为 4000/10000×100%=40%，规则{购买游戏光碟}→{购买影片光碟}的可信度为 4000/6000×100%=67%，因此，规则{购买游戏光碟}→{购买影片光碟}满足最小支持度和最小可信度，即为强关联规则，于是建议将影片光碟和游戏光碟放在一起，以提高这两种光碟的销量。

但是实际上，在整个数据集中，购买影片光碟的概率为 7500/10000×100%=75%，而购买游戏光碟的人也购买影片光碟的概率只有 4000/6000×100%=67%。从这两个比例的大小可以看出，购买游戏光碟反而抑制了影片光碟的购买，也就是说，购买了游戏光碟的人更倾向于不购买影片光碟。

从上述例子可以看出，支持度和可信度并不能成功过滤掉那些并不有趣的规则，因此需要新的评估标准来评估规则的有趣性，如提升度、卡方系数、全可信度、最大可信度、Kulc 系数和 cosine 距离等。

1. 提升度

提升度是一种简单的相关性度量。对于规则 $A \rightarrow B$，它的提升度定义为

$$\mathrm{lift}(A,B) = \frac{P(A \cup B)}{P(A)*P(B)} \qquad (4.1)$$

如果 $\mathrm{lift}(A,B)>1$，说明 A 与 B 正相关；如果 $\mathrm{lift}(A,B)<1$，说明 A 与 B 负相关；如果 $\mathrm{lift}(A,B)=1$，说明 A 与 B 不相关，即相互独立。

在实际运用中，需要强化正相关的作用，同时弱化负相关的作用。由提升度的定义易得，规则 $A \rightarrow B$ 和规则 $B \rightarrow A$ 的提升度相等。

基于表 4-6 中的数据和提升度的计算公式可得，lift("购买游戏光碟","购买影片光碟")=(4000/10000)/[(6000/10000)×(7500/10000)]=0.89，由 0.89<1 可以看出，购买游戏光碟与购买影片光碟负相关，因此利用提升度评价标准可以过滤掉规则{购买游戏光碟}→{购买影片光碟}。

2. 卡方系数

卡方分布是数理统计中的重要分布，利用卡方系数可以确定两个变量是否正相关。卡方系数的定义为

$$\chi^2 = \sum \frac{(u-x)^2}{x} \tag{4.2}$$

式中，u 为数据的实际值；x 为期望值。

从表 4-6 中的数据可以看出，总体记录中有 75%的人购买影片光碟，而购买游戏光碟的有 6000 人，因此期望 6000 人中有 75%的人购买影片光碟，即 4500 人，这 4500 人就是既购买影片光碟又购买游戏光碟的期望值。其他的期望值可类似计算得到，不再赘述。结果如表 4-7 所示，括号内为期望值。

表 4-7　带有期望值的数据记录

	购买游戏光碟	不购买游戏光碟	行总计
购买影片光碟	4000(4500)	3500(3000)	7500
不购买影片光碟	2000(1500)	500(1000)	2500
列总计	6000	4000	10000

那么，"购买游戏光碟"与"购买影片光碟"的卡方系数为

$$\chi^2 = \frac{(4000-4500)^2}{4500} + \frac{(3500-3000)^2}{3000} + \frac{(2000-1500)^2}{1500} + \frac{(500-1000)^2}{1000}$$
$$\approx 555.56$$

根据置信水平 0.001 和自由度 1，查表可得可信度为 6.63，因为 555.56 远大于可信度 6.63，因此拒绝 A 和 B 相互独立的假设，即认为 A 和 B 是相关的，又因为既购买影片光碟又购买游戏光碟的期望值 4500 大于 4000，所以 A 和 B 呈负相关。

3. 全可信度

全可信度的定义为

$$all\_confidence(A,B) = \frac{P(A \cup B)}{\max\{P(A),P(B)\}}$$
$$= \min\{P(B|A),P(A|B)\}$$
$$= \min\{confidence(A \to B),confidence(B \to A)\} \tag{4.3}$$

由表 4-6 中的数据和式(4.3)可得，all_confidence("购买游戏光碟","购买影片光碟")=min{confidence("购买游戏光碟"→"购买影片光碟"), confidence("购买影片光碟"→"购买游戏光碟")}=min{66%,53.3%}=53.3%。

4. 最大可信度

最大可信度与全可信度是相反的概念，求的是最大支持度，定义为

$$max\_confidence(A,B) = \max\{confidence(A \to B),confidence(B \to A)\} \tag{4.4}$$

5. Kulc 系数

Kulc 系数是对两个可信度进行平均处理，定义为

$$\text{Kulc}(A,B) = \frac{(\text{confidence}(A \to B) + \text{confidence}(B \to A))}{2} \tag{4.5}$$

6. cosine 距离

cosine 距离可以看作是调合的提升度度量，余弦值仅受 A、B 和 $A \cup B$ 的支持度的影响，而不受事务总个数的影响。

$$\text{cosine}(A,B) = \frac{P(A \cup B)}{\sqrt{P(A) \times P(B)}} = \sqrt{\text{confidence}(A \to B) \times \text{confidence}(B \to A)} \tag{4.6}$$

上面介绍了 6 种评价标准，可以从下面的例子探究评估标准的优劣以及能否准确反映事实。表 4-8 中，M 表示购买了牛奶，C 表示购买了咖啡，$\overline{M}$ 表示不购买牛奶，$\overline{C}$ 表示不购买咖啡。

表 4-8　评估标准比较数据库记录

	牛奶	牛奶	行总计
咖啡	MC	$\overline{M}C$	C
咖啡	$M\overline{C}$	$\overline{M}\,\overline{C}$	$\overline{C}$
列总计	M	$\overline{M}$	total

下面分析 6 个不同的数据集，其中包含各个评估标准的值，如表 4-9 所示。

表 4-9　评估标准比较数据集

数据	MC	$\overline{M}C$	$M\overline{C}$	$\overline{M}\,\overline{C}$	总计	$C \to M$ 可信度	$M \to C$ 可信度	卡方系数	提升度	全可信度	最大可信度	Kulc 系数	cosine 距离
D_1	10000	1000	1000	100000	112000	0.91	0.91	90557	9.26	0.91	0.91	0.91	0.91
D_2	10000	1000	1000	100	12100	0.91	0.91	0	1.00	0.91	0.91	0.91	0.91
D_3	100	1000	1000	100000	102100	0.09	0.09	670	8.44	0.09	0.09	0.09	0.09
D_4	1000	1000	1000	100000	103000	0.50	0.50	24740	25.75	0.50	0.50	0.50	0.50
D_5	1000	100	10000	100000	111100	0.91	0.09	8173	9.18	0.09	0.91	0.50	0.29
D_6	1000	10	100000	100000	201010	0.99	0.01	965	1.97	0.01	0.99	0.50	0.10

首先看前 4 个数据集 $D_1 \sim D_4$，从后 4 列可以看出，D_1、D_2 中牛奶和咖啡是正相关的，而 D_3 是负相关的，D_4 是不相关的。有的人可能疑惑 D_2 的提升度约等于 1 应该是不相关的，但事实上对比 D_1 发现，提升度受 $\overline{M}$ 影响很大，实际上买牛奶和咖啡的相关性不应取决于不买牛奶和咖啡的交易记录，这也是提升度和卡方系数的缺点，容易受到数据记录大小的影响。而全可信度、最大可信度、Kulc 系数、cosine 距离与 $\overline{M}\,\overline{C}$ 无关，不受数据记录大小的影响。卡方系数和提升度还把 D_3 判别为正相关，而实际上它们为负相关，原因是 $M=100+1000=1100$，如果 1100 人中有超过 550 的人购买咖啡那就为正相关，但实际上 $MC=100<500$，可以认为是负相关。

接着看数据集 $D_4 \sim D_6$，全可信度与 cosine 距离得出相同的结果，即 D_4 中牛奶与咖啡是独立的，D_5、D_6 为负相关，D_5 中根据 Kulc 系数平滑后认为牛奶与咖啡无关。再引入一个不平衡因子(Imbalance Ratio，IR)。

$$\mathrm{IR}(A,B) = \frac{|\sup(A) - \sup(B)|}{\sup(A) - \sup(B) - \sup(A \cup B)} \tag{4.7}$$

D_4 中 $\mathrm{IR}(C,M)=0$，非常平衡；D_5 中 $\mathrm{IR}(C,M)=0.89$，不平衡；而 D_6 中 $\mathrm{IR}(C,M)=0.99$，极度不平衡。可以看到 Kulc 系数虽然相同但平衡度不同，在实际中应意识到不平衡的可能，根据业务作出判断，因此认为 Kulc 系数结合不平衡因子是较好的评价方法。

以上介绍了 6 种关联规则评估的标准，其中全可信度、最大可信度、Kulc 系数、cosine 距离是不受空值影响的，在处理大数据集时优势更加明显，因为大数据中像 *MC* 这样的空记录更多。同时根据分析推荐使用 Kulc 系数和不平衡因子结合的方法进行评价。

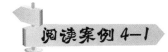

沃尔玛的购物篮分析体系

沃尔玛的购物篮分析在运营体系中占据了非常重要的地位。购物篮分析的结果不仅为门店的商品陈列和促销提供了有力的依据，更重要的是，沃尔玛充分了解了客户的真实需求，并帮助供应商开发了很多新的产品。

沃尔玛的购物篮分析应用于以下领域。

(1) 商品配置分析，如哪些商品可以一起购买，关联商品如何陈列和促销等。

(2) 客户需求分析，如分析顾客的购买习惯，顾客购买商品的时间、地点等。

(3) 销售趋势分析。利用数据仓库对品种和库存的趋势进行分析，选定需要补充的商品，然后研究顾客购买趋势并分析季节性购买模式，最终确定降价商品。

(4) 帮助供应商改进老产品及开发新品。通过购物篮分析和客户的需求，开发新的产品或改进老产品及产品包装。

沃尔玛对于关联商品及二次陈列的管理如下。

购物篮分析的结果会对商品在卖场中的陈列产生重大的影响，由于很多具有相关性的商品分属于不同的部门进行管理，因此必然会产生商品的交叉陈列问题(即商品跨部门陈列或称为二次陈列)，在出现二次陈列时，会打破商品的归属，因此沃尔玛会设置专门的商品交叉关联委员会，一般由非食品主管直接管理。这个委员会由一名交叉陈列主管和一到两名员工组成，负责门店的所有交叉商品的陈列规划，并且管理和协商各个部门(尤其是在出现二次陈列的情况时)，组织这些商品的订货、补货、上架和陈列，对交叉商品的销售进行统计对比分析。

交叉陈列主管也同时肩负促销主管的职责(说明沃尔玛的二次陈列都是针对促销)，负责监督促销和追踪促销信息是否及时有效地输入计算机系统中，也负责监督卖场是否达到陈列标准和销售贡献度是否达到公司预期等。

根据沃尔玛的经验，交叉陈列商品会使商品单品的销售额提升几倍，甚至几十倍，对低毛利商品与高毛利的商品进行交叉陈列，可以提升商店的整体毛利率。

沃尔玛利用购物篮分析获得丰厚收益的故事很多，下面简单介绍几个。

沃尔玛的采购人员在对一种礼品包装的婴儿护肤品进行购物篮分析时发现，该礼品的购买者基本都是一些商务卡客户，进一步了解后知道，商品都是作为礼品买来送人的，而不是原先预想的"母亲"客户买给自己的孩子。因此该商品的购买目的才得以明确，购买目的的信息对于商品的进一步改进会提供极大的帮助。

通过购物篮分析，沃尔玛发现，在购买沐浴用品时，很多客户都会同时购买沐浴露一类商品。这条信息提示，可以针对这种需求，将毛巾、沐浴球、沐浴露等沐浴主题商品进行捆绑销售或进行相关沐浴用品主题陈列。

在对 PLAYTEX(倍得适，美国著名婴儿用品品牌)商品进行购物篮分析时发现，一种带吸管的不溢水杯和婴儿用的游泳圈商品之间具有关联关系。这种商品关联关系提示沃尔玛的卖场可以将这两件商品在夏季一起陈列，从中获得了很好的商业机会。沃尔玛曾帮助美国著名饮料制造商 Welch's(中文名为淳果蓝)进行购物篮分析，发现客户在举行聚会时，购买的物品中会同时出现大量小猪肉熏肠、奶油起司和脆饼等商品(当然也有 Welch's 的果汁饮料)，这样的购物篮信息给了 Welch's 的商品组合销售很大的启发。该公司还有一种情人节订制的果汁饮料，但是如何展示、陈列这种情人节专用饮料始终是个难题。通过购物篮分析，相关商品展示人员发现，这种商品与情人节专用的糖果(如巧克力)和贺卡具有商品关联关系。因此这种饮料在情人节前与情人节专用季节性通道的糖果货架和贺卡放在一起，成为情人节商品整体规划的一部分。

(资料来源：https://www.sohu.com/a/100304724_155762.[2021-9-11])

4.2 分 类 分 析

分类作为大数据分析中的重要分支，在各方面都有着广泛的运用，如客户分析、垃圾邮件过滤、医学疾病判别等。分类问题可以分为 2 种，即归类和预测。归类是指对离散数据的分类，如根据人的生活习惯判断出这个人的性别，这里的类别只有 2 个，即男和女。预测是指对连续数据的分类，如预测明天 10 点的天气湿度情况。本章将对分类分析的概念、基础算法和模型评估等进行介绍。

4.2.1 分类分析的概念

在现实中，常常需要对新的或未来的数据进行一定的预测，以便进行更好的决策。例如，根据一个人的历史病例和诊断报告，分析此人患病的概率，从而进行相应的预防或治疗。从以上例子可以看出，分类就是根据以往的数据和结果对另一部分的数据进行预测。因此，分类是一种重要的数据分析形式，它提取并刻画重要数据类的模型，这种模型称为分类器，使用分类器可以预测其他数据(离散的、无序的)分类的类标号。

数据分类的过程分为 2 个阶段，包括学习阶段(构建分类器)和分类阶段(使用模型预测给定数据的类标号)。学习阶段基于数据集的一部分(训练集)构建分类器。在这个阶段,由于提供了每个训练元组的类标号,因此也称监督学习,它不同于 4.3 节介绍的无监督学习(类标号和类的个数都是未知的)。分类器建立以后,需要评估分类器预测的准确率,即使用独立于训练集的数据(测试集)来测试分类器的准确率。分类器在给定检验集上的准确率是指分类器正确分类的检验元组占所有测试元组的百分比。分类阶段使用模型预测给定数据的类标号。

　　分类算法大多是基于统计学、概率论和信息论的,其中有一个重要的概念是信息熵。信息是个抽象的概念。人们常常说信息很多,或者信息较少,但却很难说清楚信息到底有多少。直到 1948 年,香农(Shannon)在他著名的《通信的数学原理》论文中提出了“信息熵”的概念,才解决了对信息的量化度量问题。

　　信息熵用来衡量事件不确定性的大小,不确定性越大,熵也就越大。信息熵的公式为

$$H(x) = E[I(x_i)] = E[\log_2 1 / p(x_i)] = -\sum_{i=1}^{n}[p(x_i)\log_2 p(x_i)] \quad i = 1, 2, \cdots, n \quad (4.8)$$

其中,x 表示随机变量;$p(x_i)$表示输出概率函数。

4.2.2　朴素贝叶斯分类

　　分类问题中的主要任务是预测目标数据所属的类别。与聚类不同的是,分类中的类别是事先定义好的。在众多的分类模型中,应用最为广泛的两种分类模型分别是朴素贝叶斯模型和决策树模型。与决策树模型相比,朴素贝叶斯分类器(Naive Bayesian Classifier,NBC)以贝叶斯原理为基础,使用概率统计的知识对样本数据集进行分类。贝叶斯分类方法有着坚实的数学基础和稳定的分类效率。同时朴素贝叶斯模型所需估计的参数很少,对缺失数据不太敏感,算法也比较简单。

　　贝叶斯分类方法的特点是结合先验概率和后验概率。贝叶斯分类方法避免了只使用先验概率的主观偏见,也避免了单独使用样本信息的过拟合现象(过拟合的概念见 2.1.1 节)。理论上,NBC 模型与其他分类方法相比具有最小的误差率,但是实际上并非总是如此。这是因为 NBC 模型假设属性之间相互独立,也就是说,没有哪个属性变量对于决策结果来说占有着较大的比重,也没有哪个属性变量对于决策结果占有着较小的比重。这个假设在实际应用中往往是不成立的,这给 NBC 模型的正确分类带来了一定影响,但极大地简化了贝叶斯分类方法的复杂性。

　　贝叶斯分类方法是一类分类算法的总称,这类算法均以贝叶斯定理为基础,故统称为贝叶斯分类方法。而朴素贝叶斯分类是贝叶斯分类方法中最简单和最常见的一种分类方法。在朴素贝叶斯分类算法中,通常输入的变量都是离散型的,也有一些改进的算法可以用来处理连续型变量。算法的输入是概率的打分,在 0～1 之间,可以根据概率最高的类来进行预测。根据概率模型的特征,朴素贝叶斯能够在有监督的环境下有效地进行训练。贝叶斯理论被广泛地应用到文本分类中,如可以进行网页内容的主题分类、垃圾邮件的识别等。

　　利用朴素贝叶斯分类法进行分类时,假设输入变量都是条件独立时,通过在训练数据上学习得到的模型计算出每个类别的先验概率和条件概率,依照模型计算后验概率,将后验概率最大的类作为输入变量所属的类输出。朴素贝叶斯的计算过程如下。

输入：数据划分 D 是训练元组和对应类标号的集合。

输出：数据所属的类别。

方法如下。

(1) 计算各个类别的先验概率。

(2) 计算各个独立特征在分类中的条件概率。

(3) 对于特定的特征输入，计算其相应属于特定分类的条件概率。

(4) 选择条件概率最大的类别作为该输入类别并返回。

下面通过例子来进行说明。首先了解一下先验概率和后验概率。先验概率一般是单独事件发生的概率，是预判概率，可以是基于历史数据的统计，可以由背景常识得出，也可以根据主观观点给出；而后验概率是基于已有知识对随机事件进行概率评估，是基于先验概率求得的反向条件概率。

假设正在建立一个分类器，用于检测网络社区中的不真实账号，为简单起见，以 10 个数据为数据集，设 $C=0$ 为真实账号，$C=1$ 为不真实账号。具体数据如表 4-10 所示。

表 4-10 网络社区中的账号数据集

编号	日志数量/注册天数 (a_1)	好友数量/注册天数 (a_2)	是否使用真实头像 (a_3)	是否为真实账号(C)
1	0.32	0.70	1	0
2	0.13	0.90	1	0
3	0.02	0.05	0	1
4	0.03	0.30	0	1
5	0.37	0.78	1	0
6	0.01	0.09	0	1
7	0.26	0.82	1	1
8	0.40	0.97	1	0
9	0.29	0.76	0	0
10	0.17	0.03	0	1

(1) 特征的属性和划分。表 4-10 中选择了 3 个特征属性：a_1 是日志数量/注册天数；a_2 是好友数量/注册天数；a_3 表示是否使用真实头像。给出的划分为 a_1:{$a_1 \leqslant 0.05, 0.05 < a_1 < 0.2, a_1 \geqslant 0.2$}、$a_2$:{$a_2 \leqslant 0.1, 0.1 < a_2 < 0.8, a_2 \geqslant 0.8$}、$a_3$:{$a_3=0$(不是),$a_3=1$(是)}。

(2) 计算各个类别的先验概率为

$$P(C=0)=6/10=0.6$$
$$P(C=1)=4/10=0.4$$

(3) 根据划分将数据集转换为频率表，如表 4-11 所示，括号中为各个独立特征在分类中的条件概率。

表 4-11　数据集转换为频率表

特征属性	划分	是真实账号(6)	不是真实账号(4)
日志数量/注册天数(a_1)	$a_1 \leqslant 0.05$	1(1/6=0.167)	2(2/4=0.5)
	$0.05 < a_1 < 0.2$	1(1/6=0.167)	1(1/4=0.25)
	$a_1 \geqslant 0.2$	4(4/6=0.667)	1(1/4=0.25)
好友数量/注册天数(a_2)	$a_2 \leqslant 0.1$	1(1/6=0.167)	2(2/4=0.5)
	$0.1 < a_2 < 0.8$	3(3/6=0.5)	1(1/4=0.25)
	$a_2 \geqslant 0.8$	2(2/6=0.333)	1(1/4=0.25)
是否使用真实头像(a_3)	0(不是)	2(4/6=0.667)	3(3/4=0.75)
	1(是)	4(4/6=0.667)	1(1/4=0.25)

(4) 使用分类器进行鉴别并得到结果。

下面使用上面的训练得到的分类器鉴别一个账号,这个账号使用非真实头像,日志数量与注册天数的比率为 0.1,好友数量与注册天数的比率为 0.2。

$P(C=0)P(x|C=0)=P(C=0) \times P(0.05 < a_1 < 0.2|C=0) \times P(0.1 < a_2 < 0.8|C=0) \times P(a_3=0|C=0)$
$=0.6 \times 0.167 \times 0.5 \times 0.667 = 0.03342$

$P(C=1)P(x|C=1)=P(C=1) \times P(0.05 < a_1 < 0.2|C=1) \times P(0.1 < a_2 < 0.8|C=1) \times P(a_3=0|C=1)$
$=0.4 \times 0.25 \times 0.25 \times 0.75 = 0.01875$

可以看到,虽然这个用户没有使用真实头像,但是通过分类器鉴别,更倾向于将此账号归于真实账号类别。

4.2.3　决策树

决策树是一种常见且灵活的用来开发数据挖掘应用的方法,包括了分类树和回归树。其中,分类树是将要预测的数据划分到同质的组中,输出的是样本的类标号,通常应用于二分或多分类别的分类;回归树是回归的变种,通常每个节点返回的是目标变量的平均值,它通常应用于连续型数据的分类,输出的是一个实数,如房子的价格、病人待在医院的时间等。

决策树的输入值可以是连续的,也可以是离散的,输出的是用来描述决策流程的树状模型。决策树的叶子节点返回的是类标号或是类标号的概率分数。理论上,决策树可以被转换成类似关联规则中的规则。图 4.7 所示是决策树的一个示例,即打网球与天气情况的关联关系。

决策树算法有很多变种,包括 ID3、C4.5、C5.0、CART 等。本章主要介绍基于 ID3 算法的决策树构建,其选择特征的准则是信息增益(information gain)。信息增益表示得知类别 X 的信息而使得类 Y 的信息的不确定性减少的程度。信息增益越大,通过类别 X,就越能够准确地将样本进行分类;信息增益越少,越无法准确进行分类。信息增益的计算方法是集合 D 的信息熵与类别 a 给定条件下的信息熵之差,即

$$G(D,a)=E(D)-E(D|a) \tag{4.9}$$

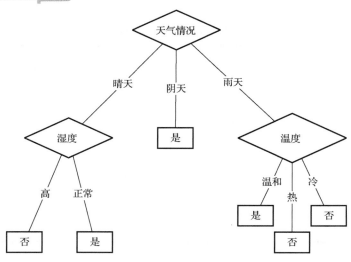

图 4.7　决策树示例

其中，a 将数据集划分为 $D_1, D_2, \cdots, D_v$，类别 a 给定条件下的信息熵为

$$E(D|a)=\sum_{i=1}^{v}\frac{|D_i|}{|D|}E(D_i) \tag{4.10}$$

下面用打网球与天气情况的数据集简单说明利用 ID3 算法构造图 4.7 所示决策树的基本过程。打网球与天气情况的数据集如表 4-12 所示。

表 4-12　打网球与天气情况的数据集

天气情况	温度	湿度	风况	是否打网球
晴天	热	高	弱	否
晴天	热	高	强	否
阴天	热	高	弱	是
雨天	温和	高	弱	是
雨天	冷	正常	弱	否
雨天	冷	正常	强	否
阴天	冷	正常	强	是
晴天	温和	高	弱	是
晴天	冷	正常	弱	是
雨天	温和	正常	弱	是
晴天	温和	正常	强	是
阴天	温和	高	强	是
阴天	热	正常	弱	是
雨天	温和	高	强	否

(1) 计算未分区前类别属性(天气)的信息熵。数据集中共有 14 个实例，其中 9 个实例属于"是"类(适合打网球)，5 个实例属于"否"类(不适合打网球)，因此分区前类别属性的信息熵为

$$E(p,n) = -\frac{9}{14}\log_2\frac{9}{14} - \frac{5}{14}\log_2\frac{5}{14} = 0.940(\text{bit})$$

(2) 非类别属性信息熵的计算。若先选择天气情况属性，则信息熵为

$$E(\text{Outlook}) = \frac{5}{14}(-\frac{2}{5}\log_2\frac{2}{5} - \frac{3}{5}\log_2\frac{3}{5}) + \frac{4}{14}(-\frac{4}{4}\log_2\frac{4}{4} - \frac{0}{4}\log_2\frac{0}{4}) +$$

$$\frac{5}{14}(-\frac{2}{5}\log_2\frac{2}{5} - \frac{3}{5}\log_2\frac{3}{5}) = 0.694(\text{bit})$$

(3) 天气情况属性的信息增益为

$$G(\text{Outlook}) = E(p,n) - E(\text{Outlook}) = 0.940 - 0.694 = 0.246(\text{bit})$$

(4) 同理计算出其他 3 个非类别属性的信息增益，取最大的属性作为分裂节点，此例中最大的是天气情况，进而得到如图 4.8 所示的决策树。

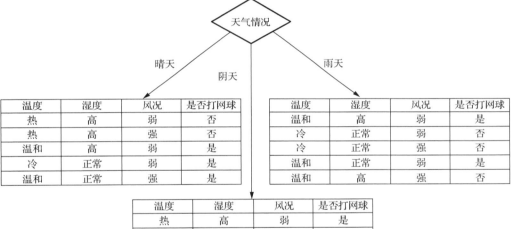

图 4.8　ID3 算法决策树 1

(5) 图 4.8 中，针对晴天中的子数据集分支，有两个类别，该分支下有 2 个实例属于"否"类，3 个实例属于"是"类，其类别属性新的信息熵为

$$E_1(p,n) = -\frac{2}{5}\log_2\frac{2}{5} - \frac{3}{5}\log_2\frac{3}{5} = 0.971(\text{bit})$$

(6) 再分别求 3 个非类别属性的信息熵，同时求出各属性的信息增益，选出信息增益最大的属性湿度，得到如图 4.9 所示的决策树。

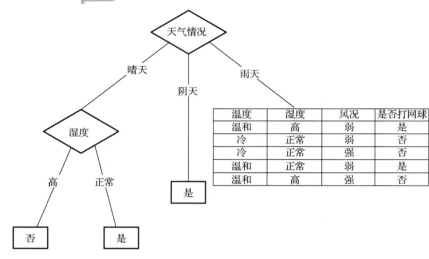

图 4.9　ID3 算法决策树 2

(7) 同理可得，雨天子数据集下信息增益最大的是温度，其决策树如图 4.10 所示。

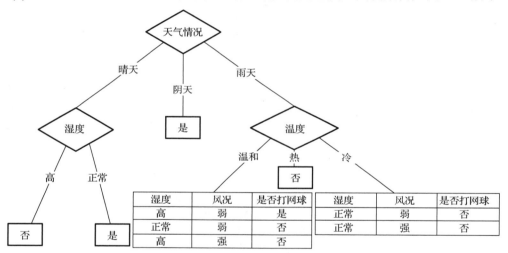

图 4.10　ID3 算法决策树 3

(8) "冷"对应的数据子集都是"否"，所以直接写"否"，无须分裂。"温和"对应的数据子集，湿度和风况的信息增益相同。因为在该分组中，"是"元组的比例比"否"元组的大，所以直接写"是"，最终结果如图 4.7 所示。

决策树的算法很多，但其基础都是类似的。决策树算法的基本思想如下。

算法：GenerateDecisionTree(D,attributeList)根据数据记录 D 生成一棵决策树。

输入如下。

(1) 数据记录 D，包含类标号的训练数据集。

(2) 属性列表 attributeList，候选属性集，用于在内部节点中作判断的属性。

(3) 属性选择方法 AttributeSelectionMethod()，选择最佳分类属性的方法。

过程如下。

(1) 构造一个节点 N。

(2) 如果数据记录 D 中的所有记录的类标号都相同(记为 C 类),则将节点 N 作为叶子节点标记为 C,并返回节点 N。

(3) 如果属性列表为空,则将节点 N 作为叶子节点标记为 D 中类标号最多的类,并返回节点 N。

(4) 调用 AttributeSelectionMethod(D,attributeList),选择最佳分裂准则 splitCriterion。

(5) 将节点 N 标记为最佳分裂准则 splitCriterion。

(6) 如果分裂属性取值是离散的,并且允许决策树进行多叉分裂,则从属性列表中减去分裂属性,attributeLsit -= splitAttribute。

(7) 对分裂属性的每一个取值 j,记 D 中满足 j 的记录集合为 D_j;如果 D_j 为空,则新建一个叶子节点 F,标记为 D 中类标号最多的类,并且把节点 F 挂在 N 下。

(8) 否则递归调用 GenerateDecisionTree(D_j,attributeList),得到子树节点 N_j,将 N_j 挂在 N 下。

(9) 返回节点 N。

输出:一棵决策树。

决策树是一种对实例进行分类的树形结构,它有以下一些优点。

(1) 易于理解和实现,不需要使用者有很多的背景知识,只要经过解释都有能力去理解决策树所表达的意义。

(2) 对于决策树来说,数据的准备往往是简单或是不必要的,而且能够同时处理数据型和常规型属性,在相对短的时间内能够对大型数据源做出可行且效果良好的处理。

(3) 易于通过静态测试来对模型进行评测,可以测定模型可信度,如果给定一个观察的模型,那么根据所产生的决策树很容易推出相应的逻辑表达式。

虽然决策树有着诸多的优点,但是它也存在着一些不足之处。

(1) 对连续性的字段比较难预测。

(2) 对有时间顺序的数据,需要很多预处理的工作。

(3) 当类别太多时,错误可能会增加得比较快。

(4) 一般的算法分类的时候,只是根据一个字段来分类。

4.2.4 支持向量机

支持向量机(Support Vector Machine,SVM)是一种监督学习方法,通常用来进行模式识别、分类以及回归分析。SVM 是一种在 20 世纪 90 年代中期发展起来的基于统计学习理论的机器学习方法,是一种二分类模型。

1. SVM 的思想

SVM 的主要思想可以概括为以下 2 点。

(1) 针对线性可分情况进行分析,而对于线性不可分的情况,则通过使用非线性映射算法将低维输入空间线性不可分的样本转化为高维特征空间使其线性可分,从而使得高维

特征空间采用线性算法对样本的非线性特征进行线性分析成为可能。

(2) 基于结构风险最小化理论，在特征空间中构建最优超平面，使得分类器得到全局最优化，并且在整个样本空间的期望以某个概率满足一定上界。

SVM 是通过一个非线性映射 p，把样本空间映射到一个高维乃至无穷维的特征空间中，使得在原来的样本空间中非线性可分的问题转化为在特征空间中的线性可分的问题，即升维和线性化。升维就是把样本向高维空间作映射，一般情况下这会增加计算的复杂性，甚至会引起"维数灾难"，因而并不常用。但是作为分类、回归等问题来说，很可能有在低维样本空间无法线性处理的样本集，而在高维特征空间中却可以通过一个线性超平面实现线性划分(或回归)。一般的升维操作都会带来计算的复杂化，而 SVM 方法则巧妙地解决了这个难题：应用核函数的展开定理，就不需要知道非线性映射的显式表达式；由于是在高维特征空间中建立线性学习分类器，所以与线性模型相比，不但几乎不增加计算的复杂性，而且在某种程度上避免了"维数灾难"。

2．SVM 模型

SVM 可分为 3 种模型，分别为线性可分 SVM、线性 SVM 和非线性 SVM。如果训练数据线性可分，则通过硬间隔最大化学习得到一个线性分类器，即线性可分 SVM，也可称之为硬间隔 SVM；如果训练数据是近似线性可分的，则通过软间隔最大化学习得到一个线性分类器，即线性 SVM，也可称之为软间隔 SVM；如果训练数据不可分，则可以通过软间隔最大化和核技巧学习得到非线性 SVM。

SVM 的应用十分广泛，如可以用于文本和超文本的分类,图像的分类也可以使用 SVM 来进行，同时还能利用 SVM 识别手写字符。虽然 SVM 有着避开高维空间的复杂性直接求解对应的决策问题，且具有较好的泛化推广能力等优点，但是它的潜在缺点包括以下几个方面。

(1) 需要对输入数据进行全面标注。

(2) SVM 只适用于 2 个类别的分类任务，因此，必须应用将多类任务减少到几个二进制问题的算法。

(3) 求解模型的参数难以解释。

4.2.5 分类模型的评估

由于利用不同分类方法可以得到不同的分类模型，因此分析人员需要知道评估分类模型性能的标准有哪些，才能更好地选择合适的分类方法。常见的评估标准如下。

(1) 分类准确率。分类准确率用于评估模型正确预测数据类别的能力，一般用于分类模型间的比较。影响分类准确率的因素有训练数据集、记录的数目、属性的数目和测试数据集记录的分布情况等。

(2) 计算复杂度。计算复杂度决定着算法执行的速度和所占用的资源。由于分析人员处理的是大量的数据，空间和时间复杂度将是数据处理过程中需要考虑的关键问题。

(3) 可解释性。分类结果只有可解释性好，容易理解，才能更好地用于决策支持。结果的可解释性越好，算法受欢迎的程度越高。

在评估分类模型性能的时候，需要注意以下几个方面。

(1) 不平衡数据分类。所谓不平衡数据分类，是指训练样本数量在类间分布不平衡，即在同一数据集中某些类的样本数远大于其他类的样本数，其中样本少的类为少数类(以下称为正类)，样本多的类为多数类(以下称为负类)。在不平衡数据分类中，正类的正确分类比负类的正确分类更有价值，仅用准确率评价分类模型并不合适。例如，如果 1%的信用卡交易是欺诈行为，则预测每个交易都合法的模型具有 99%的准确率，尽管它检测不到任何欺诈交易，在此问题中，1%的欺诈行为的识别准确率比 99%的合法行为的识别准确率更为重要。

对于不平衡数据集的分类，除了分类准确率外，常用的度量有正确率、召回率和 F 值。由于在前文已有介绍，在此不再赘述。

许多分类方法在不平衡数据集上的性能不佳，因为正类中的规律会被负类中的规律所掩盖。一般的分类方法认为所有错误分类代价相同，但实际上往往不同类别的错误代价不同。针对不平衡数据的分类主要有以下 2 个策略。

① 通过抽样改变不同类别的记录比例，减少类别不平衡的程度。

② 引入代价敏感机制，通过代价最小化来分类数据。

(2) 交叉验证。当训练集不同时得到的模型往往也不同，测试的性能也会随之不同。针对该问题，常用的策略如下。

① 多次随机地将 2/3 的数据作为训练集，用于建模，而将剩余的 1/3 数据作为测试集，最后用多次测试的平均水平来评估模型的性能。

② 使用交叉验证策略。交叉验证的思想是将初始数据集随机划分成 k 个互不相交的子集，分别为 $D_1, D_2, \cdots, D_k$，每个子集的大小大致相等，然后进行 k 次训练和检验过程，如在第 k 次迭代时，使用子集 D_k 检验，其余的划分子集用于训练模型。每个划分都用于一次检验，最后用 k 次检验的平均水平来评估模型的性能。每个样本用于训练的次数都为 k-1 次，并且用于检验的次数是 1 次。k 通常取值为 10，因为在此情况下具有相对较低的偏倚和方差。

4.3　聚类分析

聚类分析是一种无监督学习方法，即在预先不知道类标号的情况下，根据信息相似度原则进行信息集聚。聚类的目的是将数据分类到不同簇当中，并使得簇内具有较高的相似度，而簇间的相似度较低。聚类是一种数据分析常用的算法，能够挖掘出有趣的信息。下面将对聚类分析的概念、主要算法和效果评估等进行介绍。

4.3.1　聚类分析的概念

聚类分析是将数据划分成群组的过程，研究如何在没有类标号的条件下把对象划分为若干类。通过确定数据之间在预先制定的属性上的相似性来完成聚类任务，而最相似的数据就聚集成簇。聚类分析和分类分析不同，聚类分析的类别取决于数据本身，而分类分析

的类别是由数据分析人员预先定义好的。对于聚类分析方法的性能，有以下常见的要求。

(1) 可伸缩性强。可伸缩性是指算法不论对于小数据集还是对于大数据集，都应是有效的。在很多聚类算法当中，对于数据对象小于 200 个的小数据集合性很好，而对于包含成千上万个数据对象的大规模数据库进行聚类时，将会导致不同的偏差结果。

(2) 不仅要能处理数值型的字段，还要有处理其他类型字段的能力，如布尔型、枚举型、序数型和混合型等。

(3) 能够处理噪声数据。因为数据库常常包含了孤立点、空缺未知或有错误的数据，一些聚类算法对于这样的数据敏感，可能导致低质量的聚类结果。

(4) 对于输入记录的顺序不敏感。因为一些聚类算法对于输入数据的顺序是敏感的，对于同一个数据集合以不同的顺序提交给同一个算法时，可能产生差别很大的聚类结果。

(5) 处理高维数据的能力，既可处理属性较少的数据，又能处理属性较多的数据。很多聚类算法擅长处理低维数据，一般只涉及两到三维。同时，高维大数据和稀疏冗余的特征使得聚类分析的难度不断增大，一些传统的聚类算法已经不能取得较好的效果。

(6) 能够保证结果是可解释的、可理解的和可用的。聚类的结果最终都是要面向用户的，用户期望聚类得到的信息是可理解和可应用的，但是在实际挖掘中有时往往不能令人满意。

现有的聚类分析方法大致可以分为基于划分的方法、基于层次的方法、基于密度的方法、基于网格的方法和基于模型的方法。

1. 基于划分的方法

给定一个含有 N 个对象的数据集，以及要生成的簇的个数 K。每一个分组代表了一个聚类，K<N。这 K 个分组满足下列条件：每个分组至少包含一个数据记录；每个数据记录属于且仅属于一个分组。

对于给定的 K，基于划分的方法是，首先将数据划分成 K 个簇；之后通过反复迭代，使得每一次迭代后的分组方案都较前一次好；将对象在不同的簇间移动，直到满足一定的准则。

好的划分的一般准则是，在同一个簇中的对象尽可能相似，不同簇中的对象则尽可能相异。在划分方法中，最经典的是 k-means 算法和 k-medoids 算法，很多划分方法都是基于这两个方法改进而来的。这两种聚类算法将在接下来的两小节中进行介绍。

2. 基于层次的方法

基于层次的方法是对给定的数据进行层次的分解，直到某种条件满足为止。首先将数据对象组成聚类树，然后根据层次，自底向上或自顶向下分解。基于层次的方法可以分为凝聚方法和分裂方法。

凝聚方法也称自底向上的方法，初始时每个对象都被看成是单独的簇，然后逐步地合并相似的对象或簇，每个对象都从一个单点簇变为属于最终的某个簇，或者达到某个终止条件为止。绝大多数层次聚类方法属于这一类。层次凝聚的代表方法是 AGNES 算法。

分裂方法也称自顶向下的方法，它与凝聚的方法恰好相反，初始时将所有的对象置于一个簇内，然后逐渐细分为更小的簇，直到最终每个对象都在单独的一个簇中，或者达到某个终止条件为止。例如，达到了某个希望的簇的数目，或者两个最近的簇之间的距离超过了某个阈值。层次分裂的典型方法是 DIANA 算法。

3. 基于密度的方法

由于划分聚类方法和层次聚类方法往往只能发现凸形的聚类簇(归于同一类的多点形成的簇，都是凸形状的)，为了弥补这一缺陷，发现各种任意形状的聚类簇，人们开发了基于密度的聚类算法。该类算法从对象分布区域的密度着手，对于给定类中的数据点，如果在给定范围的区域中，对象或数据点的密度超过某一阈值就继续聚类。通过连接密度较大的区域，就能形成不同形状的聚类，而且还可以消除孤立点和噪声对聚类质量的影响。基于密度的方法中最具有代表性的是 DBSCAN 算法，它将簇定义为密度相连的点的最大集合，能够把具有足够高密度的区域划分为簇，并可发现任意形状的聚类簇。

4. 基于网格的方法

基于网格的方法是将数据空间划分成有限个单元的网格结构，所有对数据的处理都是以单个单元为对象。此类方法的主要优点是：处理速度快，处理时间独立于数据的个数，仅依赖于量化空间中每一维的单元个数；聚类的精度取决于单元的大小，也就是说，通常与目标数据库中记录的个数无关，只与数据空间划分的单元个数有关。但是它的缺点是：只能发现边界是水平或垂直的簇，而不能检测到斜边界；此外，在处理高维数据时，网格单元的数目会随着属性维度的增长而呈指数增长。常见的基于网格的方法有 STING 算法和 CLIQUE 算法。

5. 基于模型的方法

基于模型的方法通过优化给定的数据和某些数学模型之间的适应性，给每个聚类假定一个模型，然后去寻找能够很好地满足这个模型的数据集。在此类算法中，聚类的个数根据统计数字决定，噪声和孤立点也是通过统计数字来分析的。基于模型的方法主要有统计学方法、神经网络方法和基于群的方法。

使用不同的聚类分析方法，常常会得到不同的结论。不同研究者对于同一组数据进行聚类分析，所得到的聚类数未必一致。聚类能够作为一个独立的工具获得数据的分布状况，观察每一簇数据的特征，集中对特定的簇进行分析。聚类分析还可以作为其他算法如分类和定性归纳算法的预处理步骤。

需要指出的是，因为有一些统计工具，如 SPSS 和 R 软件提供了聚类分析(见图 4.11)，并且操作简单，所以在实际应用中，分析人员一般是直接利用这些工具进行聚类分析，从而将工作的重心放在对结果的解释和分析上。下面将介绍几种常见的聚类分析方法。

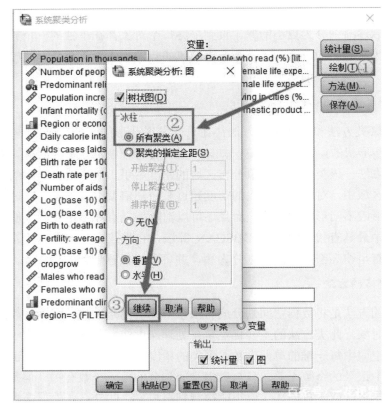

图 4.11　SPSS 软件中的聚类分析界面

4.3.2　*k*-means 算法

k-means 算法是一种基于样本间相似性度量的聚类分析方法,属于无监督学习方法。此算法以 *k* 为参数,把 *n* 个对象分为 *k* 个簇,以使簇内具有较高的相似度,而且簇间的相似度较低。相似度的计算是根据一个簇中对象的平均值即簇的质心来进行。

k-means 算法的思想是:首先随机选择 *k* 个对象,每个对象代表一个簇的质心,对于其余的每一个对象,根据该对象与各簇质心之间的距离,把它分配到与之最相似的簇中;然后计算每个簇的新质心;重复上述过程,直到簇不发生变化或达到最大迭代次数,如图 4.12 所示。

k-means 算法的优点是易于实现。但是该算法主要有以下 3 个缺陷。

(1) *k* 值需要预先给定,很多情况下 *k* 值的估计是非常困难的,如要计算全部微信用户的交往圈,则无法用 *k*-means 算法进行分析。对于可以确定 *k* 值不会太大但 *k* 值不明确的场景,可以进行迭代运算,然后找出损失函数最小时所对应的 *k* 值,这个值往往能较好地描述有多少个簇。

(2) *k*-means 算法不能处理非球形、不同尺寸和不同密度的簇。

(3) 可能收敛于局部最小值,而且当数据规模较大时收敛速度慢。

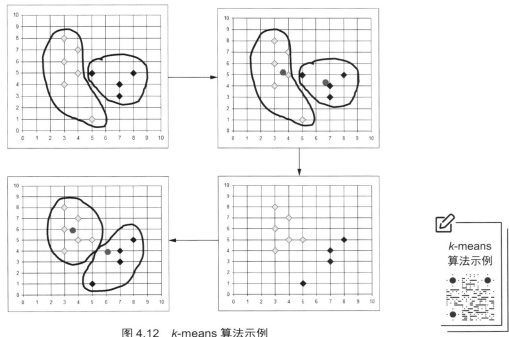

图 4.12　*k*-means 算法示例

4.3.3 *k*-medoids 算法

k-medoids 算法不采用簇中对象的平均值作为参照点，而是选用簇中位于最中心的对象，即中心点作为参照点。

PAM(Partitioning Around Medoids，围绕中心点的划分)算法是最早提出的 *k*-medoids 算法之一。该算法首先为每个簇随意选择一个中心点，剩余的对象根据其与中心点的距离分配给最近的一个簇，然后反复用非中心点替代中心点，以改进聚类的质量。PAM 算法对于较小的数据集非常有效，但不能很好地应用于海量数据。

k-medoids 算法的计算过程分为以下几步。

(1) 从 *n* 个对象中任意选择 *k* 个对象作为聚类的初始中心。

(2) 计算其余各对象与这些中心点间的距离，并根据最小距离原则将各对象分配到离它最近的中心点所在的簇中。

(3) 任意选择一个非中心点，计算其与中心点交换的成本。

(4) 若成本为负值，则交换非中心点与中心点，构成新聚类的 *k* 个中心点。

(5) 循环步骤(2)～(4)，直到每个聚类不再发生变化为止。

k-medoids 算法具有对于噪声数据不敏感、不会造成划分的结果偏差过大等优点。但是其也有不足之处：必须事先确定类簇数和中心点，簇数和中心点的选择对结果影响很大；一般在获得一个局部最优的解后就停止了；对于除数值型以外的数据不适合；只适用于聚类结果为凸形的数据集等。而且 *k*-medoids 算法由于是按照中心点选择的方式进行计算，算法的时间复杂度比 *k*-means 算法提高了 $O(n)$。

4.3.4 DBSCAN 算法

DBSCAN 算法是基于密度的聚类分析方法。和 k-means 算法相比,DBSCAN 算法既适用于凸样本集,也适用于非凸样本集。该类密度聚类分析方法一般假定类别可以通过样本分布的紧密程度决定,同一类别的样本之间是紧密相连的,即在该类别任意样本周围不远处一定有同类别的样本存在。通过将紧密相连的样本划为一类,这样就得到了一个聚类类别。通过将所有各组紧密相连的样本划分为各个不同的类别,则可得到最终的所有聚类类别结果。

假设样本集是 $D=(x_1, x_2, \cdots, x_m)$,则 DBSCAN 算法中涉及的概念定义如下。

(1) $\in$-邻域。对于 $x_j \in D$,其 $\in$-邻域包含样本集 D 中与 x_j 的距离不大于 $\in$ 的子样本集,即 $N \in (x_j) = \{x_i \in D | \mathrm{Distance}(x_i, x_j) \leqslant \in \}$,这个子样本集的个数记为 $|N \in (x_j)|$。

(2) 核心对象。对于任一样本 $x_j \in D$,如果其 $\in$-邻域对应的 $N \in (x_j)$ 至少包含 MinPts 个样本,即如果 $|N \in (x_j)| \geqslant$ MinPts,则 x_j 是核心对象。

(3) 密度直达。如果 x_i 位于 x_j 的 $\in$-邻域中,且 x_j 是核心对象,则称 x_i 由 x_j 密度直达。注意,反之不一定成立,即此时不能说 x_j 由 x_i 密度直达,除非 x_i 也是核心对象。

(4) 密度可达。对于 x_i 和 x_j,如果存在样本序列 $p_1, p_2, \cdots, p_t$,满足 $p_1=x_i$, $p_t=x_j$ 且 p_{t+1} 由 p_t 密度直达,则称 x_j 由 x_i 密度可达。也就是说,密度可达满足传递性。此时序列中的传递样本 $p_1, p_2, \cdots, p_{t-1}$ 均为核心对象,因为只有核心对象才能使其他样本密度直达。注意,密度可达也不满足对称性,这个可以由密度直达的不对称性得出。

(5) 密度相连。对于 x_i 和 x_j,如果存在核心对象样本 x_k,使 x_i 和 x_j 均由 x_k 密度可达,则称 x_i 和 x_j 密度相连。注意,密度相连关系是满足对称性的。

(6) 核心点,在半径 Eps 内含有超过 MinPts 数目的点。

(7) 边界点,在半径 Eps 内点的数量小于 MinPts,但是落在核心点的邻域内。

(8) 噪声点,既不是核心点也不是边界点的点。

DBSCAN 的聚类定义是由密度可达关系导出的最大密度相连的样本集合,即为最终聚类的一个类别,或者称为一个簇。在该簇中可以有一个或多个核心对象。如果只有一个核心对象,则簇中其他的非核心对象样本都在这个核心对象的 $\in$-邻域里;如果有多个核心对象,则簇中的任意一个核心对象的 $\in$-邻域中一定有一个其他的核心对象,否则这两个核心对象无法密度可达。这些核心对象的 $\in$-邻域里所有的样本的集合组成一个簇。

DBSCAN 算法的思想是:任意选择一个没有类别的核心对象作为种子,然后找到所有这个核心对象能够密度可达的样本集合,即为一个簇;接着继续选择另一个没有类别的核心对象去寻找密度可达的样本集合,这样就得到另一个簇;一直运行到所有核心对象都有类别为止。

DBSCAN 算法流程如下。

(1) 将所有点标记为核心点、边界点或噪声点。

(2) 删除噪声点。

(3) 为距离在 Eps 之内的所有核心点间赋予一条边。

(4) 每组连通的核心点形成一个簇。

(5) 将每个边界点指派到一个与之关联的核心簇中。

和传统的 k-means 算法相比，DBSCAN 算法最大的不同就是不需要输入类别数 k。当然它最大的优势是可以发现任意形状的簇，而不是像 k-means 算法，一般仅仅使用于凸样本集聚类。DBSCAN 算法的主要优点有以下几点。

(1) 可以对任意形状的稠密数据集进行聚类。

(2) 可以在聚类的同时发现异常点，对数据集中的异常点不敏感。

(3) 聚类结果没有偏倚，而 k-means 算法初始值对聚类结果有很大影响。

虽然 DBSCAN 算法有诸多优点，但它仍存在以下几个缺点。

(1) 如果样本集的密度不均匀、聚类间距差相差很大时，聚类质量较差。

(2) 如果样本集较大时，聚类收敛时间较长。

(3) 调参相对于传统的聚类分析方法稍复杂，主要需要对距离阈值 $\in$，邻域样本数阈值 MinPts 联合调参，不同的参数组合对最后的聚类效果有较大影响。

4.3.5　聚类结果的评估

聚类结果的评估包括确定数据集中的簇数、测定聚类质量和估计聚类趋势几个方面的内容。

1.　确定数据集中的簇数

确定数据集中正确的簇数是非常重要的，因为合适的簇数可以控制适当的聚类分析粒度，在可压缩性和准确性之间寻找平衡点。通常有以下几种确定簇数的方法。

(1) 经验方法。对于 n 个点的数据集，设置簇数 p 大约为 $\sqrt{n/2}$。在期望下，每个簇大约有 $\sqrt{2n}$ 个点。

(2) 肘方法。这是一种启发式方法，使用簇内方差和关于簇数的曲线的拐点。

(3) 交叉验证。把给定的数据集划分为 m 个部分，然后使用 $m-1$ 个部分建立一个聚类模型，并使用剩下的一部分检验聚类的质量。

2.　测定聚类质量

好的聚类方法能够产生高质量的簇，即簇内的对象具有高的相似度和不同簇之间具有低的相似度。根据是否利用基准，将度量方式分为 2 种，分别是监督度量和无监督度量。

(1) 监督度量。监督度量又称外部质量评估准则，是基于一个已经存在的人工分类数据集(已知每个对象的类别)进行评价，可以将聚类输出结果与数据集中的已有类别进行比较。监督度量与聚类算法无关，常用的指标有聚类熵和聚类精度。

① 聚类熵类似于信息熵，考虑簇中不同类别数据的分布，度量了聚类后簇中不同类别对象的混乱程度，其值越小，混乱程度越低。

② 聚类精度使用簇中数目最多的类别作为该簇的类标号，聚类精度越大，说明该聚类算法将不同类别的对象较好地聚集到了不同的簇中。

(2) 无监督度量。无监督度量又称内部质量评价准则，不使用对象的类别信息，基于簇的分离情况和簇的紧凑情况评估簇的好坏。该类方法通常利用数据集中对象之间的相似

性度量。非监督度量与聚类算法类型有关，如凝聚度和分离度仅用于划分的簇集合，而共性分离相关系数则可用于层次聚类。

此外，也可以通过计算正确率、召回率和 F 值作为评估聚类结果好坏的指标。正确率为"正确识别的个体总数/识别出的个体总数"；召回率为"正确识别的个体总数/测试集中存在的个体总数"；F 值为"正确率×召回率×2/(正确率+召回率)"。

3. 聚类趋势评估

聚类趋势评估是确定给定的数据集是否具有可以产生有意义的聚类的非随机结构。在评估数据集的聚类趋势时，可以通过空间随机性的统计检验来实现评估数据集被均匀分布的产生概率。

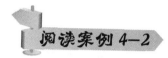阅读案例4-2

特易购的精准定向

伴随具有海量数据的手机和大数据分析工具的进步，客户群体的划分更加细致。除利用传统的市场研究资料和购买的历史数据外，零售商现在可以跟踪和利用个人用户产生的行为数据，加强顾客的多渠道体验，这已成为提升销售业绩、顾客满意度和忠诚度的驱动力。

特易购是全球利润第二大的零售商，这家英国超级市场巨头从用户行为分析中获得了巨大的利益。从其会员卡的用户购买记录中，特易购可以了解每个用户是什么"类别"的顾客，如速食者、单身或有上学孩子的家庭等。

这样的聚类可以为特易购提供很大的市场回报。例如，寄给顾客的促销邮件可以变得十分个性化，店内的促销活动也可以根据周围人群的喜好和消费的时段调整得更加有针对性，从而提高商品的流通。这种做法为特易购获得了丰厚的回报和利润，仅在市场宣传一项，就能帮助特易购每年节省约3.5亿英镑的费用。

特易购每季会为顾客量身定制6张优惠券。其中4张用于顾客经常购买的商品，而另外2张则用于根据该顾客以往的消费行为进行数据分析后得到的该顾客极有可能在未来会购买的商品。特易购曾在一年中送出了14.5万份面向不同细分客户群的购物指南杂志和优惠券组合。

更妙的是，这样的促销活动对公司整体的盈利水平并没有造成损失。通过追踪这些短期优惠券的回笼率，了解到顾客在所有门店的消费情况，特易购还可以精确地计算出投资回报。

发放优惠券吸引顾客其实已经是很老套的做法了，而且许多的促销活动实际只是掠夺了公司未来的销售额。然而，依赖于扎实的数据分析来定向发放优惠券的特易购，却可以保持每年超过1亿英镑的销售额增长。

特易购利用会员数据库中的数据，能够找到那些对价格敏感的顾客，然后在公司可以接受的最低成本水平上，为这类顾客倾向购买的商品制定一个最低价。这样的好处一是吸引了这部分顾客，二是不必在其他商品上浪费促销费用。

(资料来源：http://www.360doc.com/content/19/0812/07/2675617_854352965.shtml.[2021-9-11])

本 章 小 结

本章主要介绍了大数据分析中常用的分析方法，分别是关联分析、分类分析和聚类分析。在关联分析部分，说明了先验原理在关联分析的作用，同时介绍了 Apriori 算法和 FP-Growth 算法，并且阐述了常用的关联规则评估标准。在分类分析部分，介绍了信息熵等概念，同时也分析了朴素贝叶斯等的常见算法，还对分类模型的评估标准进行了阐述。在聚类分析部分，对聚类分析方法的性能要求进行了分析，并且介绍了 k-means 算法、k-medoids 算法和 DBSCAN 算法，也阐述了聚类结果评估的内容。总之，通过使用合适的分析方法，能够有效地从海量数据中快速提取关键信息，为企业和个人带来价值。

【关键术语】

(1) 频繁项集　　　　(2) 强关联规则　　　　(3) 先验原理
(4) 反单调　　　　　(5) 条件模式基　　　　(6) 聚类分析

习 题

1．选择题

(1) Apriori 算法的输入参数包括了(　　)。
　　A．最小支持度和有趣关系　　　　B．最小支持度和数据集
　　C．最小可信度和数据集　　　　　D．最小支持度和可信度

(2) 能够表示数据集中包含该项集的记录所占的比例的是(　　)。
　　A．支持度　　　B．可信度　　　C．距离　　　D．最大可信度

(3) 以下为分类方法的是(　　)。
　　A．DBSCAN 算法　　　　　　　B．CLIQUE 算法
　　C．支持向量机　　　　　　　　D．DIANA 算法

(4) 用于评估关联规则的指标是(　　)。
　　A．提升度　　　B．卡方系数　　　C．全可信度　　　D．以上都是

(5) 属于层次聚类分析方法的是(　　)。
　　A．k-means 算法　　　　　　　B．AGNES 算法
　　C．k-medoids 算法　　　　　　D．DBSCAN 算法

(6) 以下为无监督学习方法的是(　　)。
　　A．朴素贝叶斯　　B．支持向量机　　C．决策树　　　D．k-means 算法

2. 判断题

(1) 产生频繁项集所需的计算开销小于产生规则所需的计算开销。 ( )

(2) 先验原理是指如果一个项集是频繁的,那么它的子集也是频繁的。 ( )

(3) 在任何情况下,根据支持度和可信度都能得到有趣的关联规则。 ( )

(4) SVM 能够处理二分类问题。 ( )

(5) 基于密度的分析方法能够发现非球状的聚类。 ( )

(6) 在不平衡数据分类中,样本多的类的正确分类比样本少的类的正确分类更有价值。

( )

3. 简答题

(1) 简述 FP-Growth 算法的计算过程。

(2) Apriori 算法的实质是什么?

(3) 决策树的优点和缺点有哪些?

(4) 支持向量机的主要思想是什么?

(5) 简述聚类分析方法性能的要求。

(6) 简述 k-means 算法的思想。

第 5 章
时间序列分析

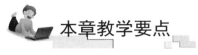 本章教学要点

知识要点	掌握程度	相关知识
时间序列的概念	熟悉	时间序列的构成因素
时间序列分析法的分类	了解	时间序列的几种分类
确定性时间序列分析法	掌握	移动平均法、指数平滑法、季节指数法
三次指数平滑法	了解	布朗三次指数平滑、温特线性和季节性指数平滑法
平稳性时间序列分析	掌握	自回归模型、移动平均模型、自回归移动平均模型
非平稳性时间序列分析	熟悉	差分自回归移动平均模型
异方差时间序列分析	了解	自回归条件异方差模型

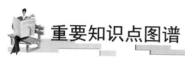

重要知识点图谱

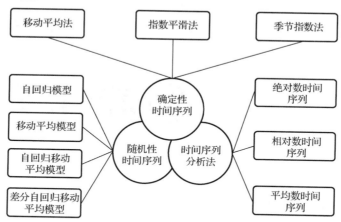

定量预测是使用历史数据或因素变量来预测需求的数学模型，是根据已掌握的比较完备的历史统计数据，运用一定的数学方法进行科学的加工整理，从而揭示有关变量之间的规律性联系，用于预测未来发展变化情况的一类预测方法。定量预测方法也称统计预测法，其主要特点是利用统计资料和数学模型来进行预测。目前，在大数据环境下普遍采用的定量预测方法有时间序列分析法、回归分析法、灰色预测法等，本章介绍时间序列分析法。

5.1 时间序列分析法概述

经济现象总是随着时间的推移而变化，因此，统计分析不仅要从静态的角度分析社会现象的数量特征，而且要对社会现象的数量方面在不同时间上表现出来的各个具体指标进行比较分析，探索社会经济现象发展变化的过程及其规律性，并预测它的未来。时间序列是对经济现象进行动态分析的主要方法，它主要用于描述和探索现象随时间发展变化的数量规律性。

5.1.1 时间序列的概念

时间序列是指将某一指标在不同时间上的数值，按照时间的先后顺序排列而成的数列。例如，经济领域中每年的产值、国民收入、商品在市场上的销量、股票数据的变化情况等，社会领域中某一地区的人口数、医院患者人数、铁路客流量等，自然领域中的太阳黑子数、月降水量、河流流量等，都构成了一个个时间序列。人们希望通过对这些时间序列的分析，从中发现和揭示事物发展变化的规律，或者从动态的角度描述某一现象和其他现象之间的内在数量关系，从而尽可能多地从中提取出所需要的准确信息，并将这些信息用于预测，以掌握和控制未来的行为。表 5-1 所示为国内生产总值等时间序列的示例。

表 5-1　国内生产总值等时间序列

年份	国内生产总值/亿元	年末总人口/万人	人口自然增长率/%	居民消费水平/元
1990	18547.9	114333	14.39	803
1991	21617.8	115823	12.98	896
1992	26638.1	117171	11.60	1070
1993	34634.4	118517	11.45	1331
1994	46759.4	119850	11.21	1781
1995	58478.1	121121	10.55	2311
1996	67884.6	122389	10.42	2726
1997	74772.4	123626	10.06	2944
1998	79552.8	124810	9.53	3094

时间序列在统计分析和经济分析中具有以下重要作用。

(1) 反映社会经济现象在不同时间的发展结果。

(2) 研究社会经济现象的发展趋势和发展速度，用来对某些社会经济现象进行预测。

(3) 利用不同性质指标的时间序列对比，可以分析对象之间发展变化的依存关系。

(4) 利用时间序列可以在不同国家或地区之间进行分析对比，这也是统计分析的重要方法之一。

(5) 利用时间序列还可以积累数据资料，为各级部门和企业制定各项政策、长远规划、指导工作以及进行统计分析研究提供重要指标。

在大数据的生态系统里，时间序列数据是很常见也是所占比例最大的一类数据，几乎出现在科学和工程的各个领域。一些常见的时间序列数据有描述服务器运行状况的数据，各种物联网系统的终端数据，脑电图、汇率、股价、气象和天文数据等。时序数据在数据特征和处理方式上有很大的共性，因此也催生了一些面向时序数据的特定工具，如时序数据库和时序数据可视化工具等。

时间序列的变化受许多因素的影响，有些起着长期的、决定性的作用，使其呈现出某种趋势和一定的规律性；有些则起着短期的、非决定性的作用，使其呈现出某种不规则性。事实上，在分析时间序列的变动规律时，不可能把每个影响因素都一一划分开来，分别去做精确分析，而是把众多影响因素按照现象变化影响的类型，划分成若干时间序列的构成因素，然后对这几类构成因素分别进行分析，以揭示时间序列的变动规律性。影响时间序列的构成因素可归纳为以下 4 种。

(1) 趋势性。这是指现象随时间推移朝着一定方向呈现出持续渐进地上升、下降或平稳地变化、移动。这一变化通常是许多长期因素的结果。图 5.1～图 5.3 所示为几种可能的趋势图形。

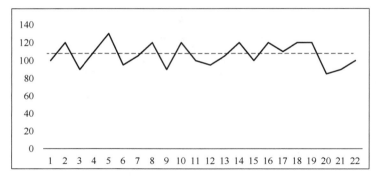

图 5.1　无趋势性时间序列

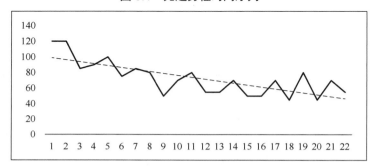

图 5.2　线性趋势的时间序列

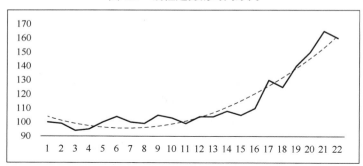

图 5.3　非线性趋势的时间序列

(2) 周期性。这是指时间序列表现为循环于趋势线上方和下方的点序列并持续 1 年以上的有规则变动。这种因素是因经济多年的周期性变动产生的。例如，高速通货膨胀时期后面紧接的温和通货膨胀时期将会使许多时间序列表现为交替地出现于一条总体递增的趋势线上下方。

(3) 季节性变化。这是指现象受季节性影响，按一固定周期呈现出的周期波动变化。尽管通常认为一个时间序列中的季节变化是以 1 年为期的，但是季节因素还可以被用于表示时间长度小于 1 年的有规则重复形态。例如，每日交通量数据表现出为期 1 天的"季节性"变化，即高峰期到达高峰水平，而一天中的其他时期车流量较小，从午夜到次日清晨最小。图 5.4 所示为有季节性的时间序列。

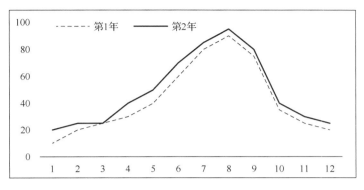

图 5.4　有季节性的时间序列

(4) 不规则变化。这是指现象受偶然因素的影响而呈现出的不规则波动。这种因素包括实际时间序列值与考虑了趋势性、周期性、季节性变动的估计值之间的偏差，它用于解释时间序列的随机变化。不规则因素是由短期的未被预测到的以及不能被重复发现的那些影响时间序列的因素引起的。

5.1.2　时间序列的分类

根据研究的依据不同，时间序列有不同的分类。

1. 按指标形式不同分类

按指标形式不同，时间序列可以分为绝对数时间序列、相对数时间序列和平均数时间序列。其中，绝对数时间序列是基本数列，后两种时间序列由绝对数时间序列派生而来。指标形式下的时间序列分类如图 5.5 所示。

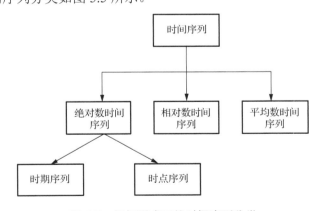

图 5.5　指标形式下的时间序列分类

(1) 绝对数时间序列。绝对数时间序列是将同一总量指标在不同时间上的数值按时间先后顺序排列而形成的数列。它主要反映某现象在不同时间上的规模、水平等总量指标特征。

绝对数时间序列有时期序列和时点序列两种。时期序列是由时期绝对数数据所构成的时间序列，其中的每一个数值反映现象在一段时间内发展过程的总量。时点序列是由时点绝对数数据构成的时间序列，其中的每个数值反映现象在某一时点上所达到的水平。时期序列和时点序列的区别如表5-2所示。

表 5-2　时期序列和时点序列的区别

比较项目	时期序列	时点序列
定义	统计数据是时期数	统计数据是时点数
各项数据相加是否有实际意义	有	无
统计数据的大小与时期长短有无关系	有	无
数据的取得方式	连续登记	间断登记

(2) 相对数时间序列。相对数时间序列是将某一相对数指标的一系列数值按时间先后顺序排列而形成的数列。它主要反映社会经济现象之间相互联系的变化过程。因为各指标值的计算基础不同，所以相对数时间序列中不同时间的指标值是不能直接相加的，相加后的结果没有实际意义。

(3) 平均数时间序列。平均数时间序列是将同一平均数指标在不同时间上的数值按时间先后顺序排列而形成的数列。它反映现象总体的一般水平和发展变化的过程。在平均数时间序列中，各个指标值也不能相加，相加后的结果亦无实际意义。

2. 按指标变量的性质和数列形态不同分类

按指标变量的性质和数列形态不同，时间序列可以分为随机性时间序列和非随机性时间序列。非随机性时间序列又可以分为平稳性时间序列、趋势性时间序列和季节性时间序列。

(1) 随机性时间序列。随机性时间序列是指由随机变量组成的时间序列，各期数值的差异纯粹是偶然随机因素印象的结果，其变动没有规律。例如，在某一段时期内，通过某一路口的汽车数量是随机的，因为通过该路口的汽车大多数彼此之间没有关系，很多汽车只是偶然经过这个路口。在这段时间里统计到的所有经过该路口的汽车数量构成随机性时间序列。

(2) 平稳性时间序列。平稳性时间序列是指由确定性变量构成的时间序列，其特点是影响数列各期数值的因素是确定的，而且各期数值总是保持在一定的水平上，上下相差不大。例如，在某一火车站的出口处，每天在固定的时间里，如下午3点到下午5点之间，统计旅客的出站人数，它所构成的时间序列就不是随机性时间序列，因为在这段时间内进入这个车站的火车班次是固定的，而且每班火车的座位个数一般也是不变的。在正常情况下，每天下午3点到下午5点之间出站的旅客人数变化不会很大，它构成的时间序列总是保持在一定的水平上，上下相差不大，因此称为平稳性时间序列。

(3) 趋势性时间序列。趋势性时间序列是指各期数值逐期增加或减少，呈现出一定的发展变化趋势的时间序列。如果逐期增加(减少)量大致相同，称为线性趋势的时间序列；如果逐期增加(减少)量是变化的，称为非线性趋势的时间序列。例如，我国工业生产在正常年份的产量，便呈现线性增长的趋势；而某种新产品投放市场后销售量的数列则呈非线性的变化趋势。

(4) 季节性时间序列。季节性时间序列是指各时期的数值在一年内随着季节的变化而呈现周期性波动的时间序列。例如，按月统计每月到达某站的旅客人数，就会发现每年 2 月份，即春节期间的旅客人数远远高于其他月份，这种现象每年都会出现一次，也就是每年的 2 月出现一次高峰，这就称为季节性时间序列。季节性时间序列在自然界或经济活动、社会活动中是相当普遍的，无论是气候还是商业活动等，都会受到季节因素的影响，因此，在预测时要充分考虑这个因素。

3. 按研究对象的个数分类

按研究对象的个数可以将时间序列分为一元时间序列和多元时间序列。例如，某种商品的销售量数列，即为一元时间序列。如果所研究的对象不仅仅是一个变量，而是多个变量，如按年、月顺序排序的气温、气压、雨量数据等，每个时刻都对应着多个变量，则这种序列为多元时间序列。

4. 按时间的连续性分类

按时间的连续性可以将时间序列分为离散时间序列和连续时间序列。如果某一序列中的每个序列值所对应的时间参数为间断点，则该序列就是一个离散时间序列。如果某一序列中的每个序列值所对应的时间参数为连续函数，则该序列就是一个连续时间序列。

5.1.3 时间序列分析法的分类

时间序列分析法是利用预测目标的历史时间数据，通过统计分析研究其发展变化规律，建立数学模型，据此进行外推预测目标的一种定量预测方法。时间序列分析法可以分为两类，一是确定性时间序列分析法，二是随机性时间序列分析法。

1. 确定性时间序列分析法

这是暂时过滤掉随机性因素进行的确定性分析方法。其基本思想是用一个确定的时间函数来拟合时间序列，不同的变化采取不同的函数形式来描述，不同变化的叠加采用不同的函数叠加来描述。具体可以分为移动平均法、指数平滑法、季节指数法等。

2. 随机性时间序列分析法

其基本思想是通过分析不同时刻变量的相关关系，揭示其相关结构，利用这种相关结构建立自回归模型、移动平均模型、自回归移动平均模型来对时间序列进行预测。

对于详细的确定性时间序列分析法和随机性时间序列分析法将在 5.2 节和 5.3 节讲解。下面对时间序列分析法进行一个归纳，如图 5.6 所示。

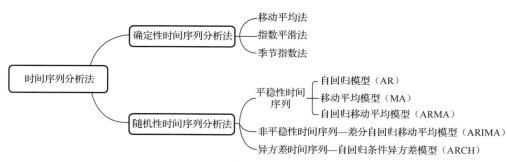

图 5.6　时间序列分析法归纳

5.2　确定性时间序列分析法

时间序列的变动包含趋势性、季节性、随机性、平稳性和叠加性。在确定性时间序列分析中通过移动平均法、指数平滑法、季节指数法等方法体现出社会经济现象的长期趋势以及含季节因子的长期趋势，从而预测未来的发展趋势。

5.2.1　移动平均法

时间序列虽然或多或少地受到不规则变动的影响，但是若其在未来的发展情况能与过去一段时期的平均状况大致相同，则可以采用历史数据的平均值进行预测。建立在平均值基础上的预测方法适用于基本在水平方向波动同时没有明显周期变化和变化趋势的序列。

1. 简单平均法

给出时间序列 n 期的资料 $Y_1, Y_2, \cdots, Y_n$，选择前 T 期作为试验数据，计算平均值用以测定 $T+1$ 期的数值，即

$$\hat{Y} = \sum_{i=1}^{T} \frac{Y_i}{T} = F_{T+1} \tag{5.1}$$

式中，$\hat{Y}$ 为前 T 期的平均值；F_{T+1} 为第 $T+1$ 期的估计值，也就是预测值。

简单平均法是利用计算 T 期的平均值作为下一期即 $T+1$ 期预测值的方法。其预测误差为

$$e_{T+1} = Y_{T+1} - F_{T+1} \tag{5.2}$$

若预测第 $T+2$ 期，则

$$F_{T+2} = \bar{Y} = \sum_{i=1}^{T+1} \frac{Y_i}{T+1} \tag{5.3}$$

若 Y_{T+2} 已知，则其预测误差为

$$e_{T+2} = Y_{T+2} - F_{T+2} \tag{5.4}$$

以此类推，便能得到以后各期的预测值。简单平均法需要存储全部历史数据，在求出前 T 期平均值后，由前一期的估计值和实际观察值，就能对下一期进行预测。实际上，它

是利用最近一期的观察值对平均值进行修正的一种预测方法。这种方法虽然实用价值不大，但确实是其他平滑法的基础。

表 5-3 所示为某自行车厂在某年 1—6 月的自行车销量数据。根据简单平均法的计算公式，可以得出 5 月份的预测销量为

$$F_5 = \frac{56 + 50 + 55 + 49}{4} = 52.5$$

预测误差为

$$e_5 = 55 - 52.5 = 2.5$$

6 月份的预测销量为

$$F_6 = \frac{56 + 50 + 55 + 49 + 55}{5} = 53$$

预测误差为

$$e_6 = 60 - 53 = 7$$

表 5-3　某自行车厂某年 1—6 月销量

月份	1	2	3	4	5	6
销量/万辆	56	50	55	49	55	60

2. 简单移动平均法

用简单平均法预测时，其平均期数随预测期的增加而增大。事实上，当加进一个新数据时，远离现在的第一个数据的作用不再明显。移动平均法是对简单平均法加以改进的预测方法。它保持平均的期数不变，总为 T 期，而使所求的平均值随时间变化不断移动。其公式为

$$F_{T+1} = \frac{Y_1 + Y_2 + \cdots + Y_T}{T} = \sum_{i=1}^{T} \frac{Y_i}{T} \tag{5.5}$$

若预测第 $T+2$ 期，则

$$F_{T+2} = \frac{Y_1 + Y_2 + \cdots + Y_{T+1}}{T+1} = \sum_{i=2}^{T+1} \frac{Y_i}{T} \tag{5.6}$$

简单移动平均法是利用时序前 T 期的平均值作为下一期预测值的方法，其数据存储量比简单平均法少，只需 T 个数据。T 是平均期数，即为移动步长，其作用为平滑数据，其大小决定了数据平滑的程度。T 越小，平均期数越少，得到的数据越容易保留原来的波动，数据相对不够平滑；T 越大即移动步长越长，得到的数据越平滑。一般来说，若序列变动比较剧烈，则为反映序列的变化，T 宜选取比较小的值；若序列变动较为平缓，则 T 可以取较大的值。简单移动平均法应用的关键在于平均期数或移动步长 T 的选择，一般可以通过实验比较选定。

从式(5.5)和式(5.6)可以得到关系式

$$F_{T+2} = \frac{Y_1 + Y_2 + \cdots + Y_{T+1}}{T+1} = F_{T+1} + \frac{Y_{T+1} - Y_1}{T} \tag{5.7}$$

由于 Y_1 没有被保存，故其数值未知，一个最好的替代值就是参与计算的平均值 F_{T+1}。式(5.7)可以被改写为

$$F_{T+2} = F_{T+1} + \frac{Y_{T+1} - F_{T+1}}{T} \tag{5.8}$$

式中，$Y_{T+1} - F_{T+1}$ 就是 $T+1$ 时刻的实际值与预测值之差，即误差。所以，简单移动平均预测实际上是通过当期预测误差修正当期预测值得到下一期的预测值。这是简单移动平均法的优点之一，通过误差不断修正得到新的预测值。其不足之处在于存在滞后现象，即实际序列已经发生大的波动，而预测结果却不能立即反映。

表 5-4 所示为某农机公司某年 1—12 月某种农具的销量。

表 5-4　某农机公司某年 1—12 月某种农具销量

月份	销量/件	月份	销量/件
1	423	7	426
2	358	8	502
3	434	9	480
4	445	10	384
5	527	11	427
6	429	12	446

根据表 5-4 的数据以及简单移动平均法的计算公式，分别取移动步长为 3 和 5，计算各月的移动平均数，计算结果如表 5-5 所示。由计算结果可见，移动步长为 3 的总误差大于移动步长为 5 的总误差，故而在这个实例中，取移动步长为 5 进行预测更加科学准确，即预测次年 1 月该农具的销量为 448 件。

表 5-5　移动平均法预测销量

月份	实际销量/件	移动步长为 3		移动步长为 5	
		预测销量/件	误差平方	预测销量/件	误差平方
1	423	—	—	—	—
2	358	—	—	—	—
3	434	—	—	—	—
4	445	405	1600	—	—
5	527	412	13225	—	—
6	429	469	1600	437	64
7	426	467	1681	439	169
8	502	461	1681	452	2500
9	480	452	784	466	196
10	384	469	7225	473	7921

续表

月份	实际销量/件	移动步长为 3		移动步长为 5	
		预测销量/件	误差平方	预测销量/件	误差平方
11	427	455	784	446	361
12	446	430	256	444	4
次年 1		419		448	
总和			28836		11215

3. 加权移动平均法

简单移动平均法将各期数值对预测值的影响同等看待，实际上，近期的数值往往影响较大，远离预测期的数值影响会小些。加权移动平均法正是基于这一思想，对不同时期的数据赋予不同的权重来预测，其公式为

$$F_{T+1} = \frac{a_1'Y_1 + a_2'Y_2 + \cdots + a_T'Y_T}{\sum\limits_{i=1}^{T} a_i'} \tag{5.9}$$

式中，a_1', a_2', $\cdots$, a_T' 为权重。式(5.9)可以改写为

$$F_{T+1} = a_1 Y_1 + a_2 Y_2 + \cdots + a_T Y_T \tag{5.10}$$

式中，$a_1 \leqslant a_1 \leqslant \cdots \leqslant a_T$，$a_1 + a_2 + \cdots + a_T = 1$。

采用加权移动平均法的关键在于权重的选择和确定。当然，可以先选择不同的权重值，然后通过试预测进行比较分析，选择预测误差小者作为最终的权重数。如果移动步长不是很大，权重数目不多，则可以通过不同组合进行测试；如果移动步长很大，可选择的权重组合过多，则很难一一进行测试，这为实际应用带来了困难。

表 5-6 所示为我国 1979—1988 年的原煤产量数据。试用加权移动平均法预测 1989 年的原煤产量。

表 5-6　我国 1979—1988 年原煤产量

年份	原煤产量/亿吨	年份	原煤产量/亿吨
1979	6.35	1984	7.89
1980	6.2	1985	8.72
1981	6.22	1986	8.94
1982	6.66	1987	9.28
1983	7.15	1988	9.8

取 $a_1'=3$，$a_2'=2$，$a_3'=1$，按照式(5.9)计算 3 年加权移动平均预测值，其结果如表 5-7 所示。1989 年我国原煤产量的预测值为 9.48 亿吨。

表 5-7　加权移动平均法预测产量

年份	实际原煤产量/亿吨	预测产量/亿吨
1979	6.35	—
1980	6.2	—
1981	6.22	—
1982	6.66	6.235
1983	7.15	6.4367
1984	7.89	6.8317
1985	8.72	7.4383
1986	8.94	8.1817
1987	9.28	8.6917
1988	9.8	9.0733
1989		9.48

通过以上 3 种移动平均法的学习，可以得知移动平均法有以下 3 个特点。

(1) 移动平均对原序列有修匀或平滑的作用，可以削弱原序列的上下波动，而且移动步长越大，对数列的修匀作用越强。

(2) 移动步长为奇数时，只需一次移动平均，其移动平均值作为移动平均项数的中间一期的趋势代表值；而移动步长为偶数时，移动平均值代表的是偶数项的中间位置的水平，无法对正某一时期，则需要再进行一次相邻两项平均值的移动平均，这才能使平均值对正某一时期，这称为移正平均，也称为中心化的移动平均数。

(3) 当序列包含季节变动时，移动步长应与季节变动长度一致，才能消除其季节变动；当序列包含周期变动时，移动步长应和周期长度基本一致，才能较好地消除周期波动。

除此之外，移动平均法存在以下几个问题。

(1) 加大移动步长会使平滑波动效果更好，但是会使预测值对数据实际变动更不敏感。

(2) 移动平均值并不能总是很好地反映出趋势。由于平均值和预测值总是停留在过去的水平上而无法预测将来是更高还是更低的波动。

(3) 移动平均法需要记录过去大量的数据。

(4) 需要引进越来越多的新数据，不断修改平均值，以之作为预测值。

5.2.2　指数平滑法

当移动平均间隔中出现非线性趋势时，给近期观察值赋以较大的权数，给远期观察值赋以较小的权数，进行加权移动平均，预测效果较好。但为各个时期分配适当的权数较为困难，需花费大量时间精力寻找适宜的权重，若只为预测最近的一期数值，则是极为不经济的。指数平滑法通过对权重加以改进，使其能在处理时更为经济，并能提供良好的短期预测精度，因而，其实际应用较为广泛。

1. 一次指数平滑法

一次指数平滑法也称单指数平滑法(Single Exponential Smoothing，SES)。其公式可以由简单移动平均公式推导出，即

$$F_{t+1} = F_t + \frac{Y_t - F_{t-N}}{N} \tag{5.11}$$

式中，N 为移动步长 T；t 为任意时刻。将其写成一般式为

$$F_{t+1} = \frac{Y_t}{N} + \left(1 - \frac{1}{N}\right)F_t \tag{5.12}$$

令 $a=1/N$，显然 $0<a<1$。平滑值常记为 S_t，式(5.12)可写为

$$S_{t+1} = aY_t + (1-a)S_t \tag{5.13}$$

一次指数平滑法也存在滞后现象。这种方法需要存储的数据较少，有时只要有前一期实际观察值和平滑值，以及一个给定的平滑常数 a 就可进行预测。但由于其只能预测一期，故实际应用较少。一次指数平滑法适用于较为平稳的序列，一般 a 的取值不大于 0.5。若 a 大于 0.5 时平滑值才能够与实际值接近，表明序列有某种趋势，不宜使用一次指数平滑法进行预测。

用一次指数平滑法进行预测，除选择合适的 a 外，还要确定初始值 S_t。初始值是由预测者估计或指定的。当时间序列的数据较多，如在 20 个以上时，初始值对以后的预测值影响很少，可选用第一期数据为初始值；当时间序列的数据较少，如在 20 个以下时，初始值对以后的预测值影响很大，这时就必须认真研究如何正确确定初始值，一般以最初几期实际值的平均值作为初始值。

表 5-8 所示为某市 1976—1987 年某种电器销售额的数据。试用一次指数平滑法预测1988 年该电器的销售额。

表 5-8　某市 1976—1987 年某种电器销售额

年份	销售额/万元	年份	销售额/万元
1976	50	1982	51
1977	52	1983	40
1978	47	1984	48
1979	51	1985	52
1980	49	1986	51
1981	48	1987	59

取 a 为 0.2 进行计算，显然易得初始值为 51。具体的预测结果如表 5-9 所示。

表 5-9　一次指数平滑法预测销售额

年份	实际销售额/万元	预测销售额/万元	年份	实际销售额/万元	预测销售额/万元
1976	50	51	1983	40	49.95
1977	52	50.8	1984	48	47.96
1978	47	51.04	1985	52	47.97
1979	51	50.23	1986	51	48.77
1980	49	50.39	1987	59	49.22
1981	48	50.11	1988	—	51.1754
1982	51	49.69			

2. 二次指数平滑法

二次指数平滑法也称双重指数平滑法，它是对一次指数平滑值再次进行平滑的方法。一次指数平滑法是直接利用平滑值作为预测值的一种预测方法，二次指数平滑法则不同，它使用平滑值对时序的线性趋势进行修正，建立线性平滑模型进行预测。二次指数平滑法也可称为线性指数平滑法。

(1) 布朗单一参数线性平滑法。

当时序数列有趋势存在时，一次和二次指数平滑值都落后于实际值。布朗单一参数线性指数平滑法比较好地解决了这一问题。其平滑公式为

$$\begin{cases} S_t^{(1)} = aY_t + (1-a)S_{t-1}^{(1)} \\ S_t^{(2)} = aS_t^{(1)} + (1-a)S_{t-1}^{(2)} \end{cases} \tag{5.14}$$

式中，$S_t^{(1)}$ 为一次指数平滑值；$S_t^{(2)}$ 为二次指数平滑值。在 $S_t^{(1)}$ 和 $S_t^{(2)}$ 已知条件下，二次指数平滑法的预测模型为：$\hat{Y}_{t+T} = a_t + b_t \cdot T$。

由两个平滑值可以计算线性平滑模型的两个参数为

$$\begin{cases} a_t = 2S_t^{(1)} - S_t^{(2)} \\ b_t = \dfrac{a}{1-a}\left(S_t^{(1)} - S_t^{(2)}\right) \end{cases} \tag{5.15}$$

据此得到线性平滑模型为

$$F_{t+m} = a_t + b_t m \tag{5.16}$$

式中，m 为预测的超前期数。当 $t=1$ 时，$S_{t-1}^{(1)}$ 和 $S_{t-1}^{(2)}$ 是二次指数平滑的平滑初始值，通常采用 $Y_1 = S_0(1) = S_0^{(2)}$ 作为序列初始几期的平均值。布朗单一参数模型适用于对具有线性变化趋势的时序进行短期预测。

(2) 霍特双参数指数平滑法。

霍特双参数指数平滑法的原理与布朗单一参数线性指数平滑法相似，但它不是直接应用二次指数平滑值建立线性模型，而是分别对原序列数据和趋势进行平滑。它使用 2 个平滑参数和 3 个方程式，分别为

$$S_t = aY_t + (1-a)\left(S_{t-1} + b_{t-1}\right) \tag{5.17}$$

$$b_t = \beta\left(S_t - S_{t-1}\right) + (1-\beta)b_{t-1} \tag{5.18}$$

$$F_{t+m} = S_t + b_t m \tag{5.19}$$

式(5.17)是为了修正 S_t。S_t 称为数据的平滑值，是将上一期的趋势值 b_{t-1} 加到 S_{t-1} 上，以消除滞后效应修正 S_t，使其与实际观察值尽可能地接近。

式(5.18)是为了修正 b_t。b_t 为趋势的平滑值，它表示为一个差值，即相邻两项平滑值之差。若时序数据存在趋势，那么新的观察值总是高于或低于前一期数值，又由于还有不规则变动的影响，所以需用 β 值来平滑 S_t-S_{t-1} 的趋势。

式(5.19)用于预测。霍特线性平滑的起始过程需要两个估计值：平滑值 S_1 和倾向值 b_1。通常取 $S_1=Y_1$，$b_1=Y_1-Y_2$。

3. 三次指数平滑法

三次指数平滑法也称三重指数平滑法，它与二次指数平滑法一样，不是以平滑指数值作为预测值，而是建立预测模型。

(1) 布朗三次指数平滑法。

布朗三次指数平滑法是对二次平滑值再进行一次平滑，并用以估计二次多项式参数的一种方法，所建立的预测模型为

$$F_{t+m} = a_t + b_t m + \frac{1}{2} c_t m^2 \tag{5.20}$$

这是一个非线性平滑模型，它类似于一个二次多项式，能表现时序的一种曲线变化趋势，故常用于非线性变化时序的短期预测。布朗三次指数平滑法也称布朗单一参数二次多项式平滑法。式(5.20)中参数的计算公式为

$$a_t = 3S_t^{(1)} - 3S_t^{(2)} + S_t^{(3)} \tag{5.21}$$

$$b_t = \frac{a}{2(1-a)} \left[(6-5a)S_t^{(1)} - (10-8a)S_t^{(2)} + (4-3a)S_t^{(3)} \right] \tag{5.22}$$

$$c_t = \frac{a^2}{(1-a)^2} \left(S_t^{(1)} - 2S_t^{(2)} + S_t^{(3)} \right) \tag{5.23}$$

各次指数平滑值为

$$\begin{cases} S_t^{(1)} = aY_t + (1-a)S_{t-1}^{(1)} \\ S_t^{(2)} = aS_t^{(1)} + (1-a)S_{t-1}^{(2)} \\ S_t^{(3)} = aS_t^{(2)} + (1-a)S_{t-1}^{(3)} \end{cases} \tag{5.24}$$

三次指数平滑法比一次和二次指数平滑法更为复杂，但目的相同，即修正预测值，使其跟踪时序的变化。

(2) 温特线性和季节性指数平滑模型。

温特线性和季节性指数平滑模型是描述既有线性趋势又有季节变化序列的模型。它有两种形式，一种为线性趋势与季节相乘形式，另一种为线性趋势与季节相加形式。

① 霍特-温特季节乘积模型。

霍特-温特季节乘积模型用于既有线性趋势又有季节变动的时间序列的短期预测。其预测模型为

$$F_{t+m} = (S_t + b_t m) I_{t-L+m}$$

该模型包括时序的 3 种成分，分别为平稳性(S_t)、趋势性(b_t)、季节性(I)。它与霍特法

相似，但是加入了季节因素。建立在 3 个平滑值基础上的温特法，需要α、β、γ三个参数。它的基础方程为

$$S_t = a\frac{Y_t}{I_{t-L}} + (1-a)(S_{t-1}+b_{t-1}), \quad 0<a<1 \tag{5.25}$$

$$b_t = \gamma(S_t - S_{t-1}) + (1-\gamma)b_{t-1}, \quad 0<\gamma<1 \tag{5.26}$$

$$I_t = \beta\frac{Y_t}{S_t} + (1-\beta)I_{t-L}, \quad 0<\beta<1 \tag{5.27}$$

式中，L 为季节长度，或称季节周期的长度；I 为季节调整因子。

式(5.25)是求修正后的时序值 S_t，用季节调整因子 I 去除观察值，目的是从观察值中消除季节波动。

式(5.26)用来修正趋势值，用参数γ加权趋势增量(S_t-S_{t-1})。

式(5.27)可与季节指数比较。季节指数是时序的第 t 期值 Y_t 与同期一次指数平滑值 S_t 之比。显然，若 $Y_t > S_t$，则季节指数大于 1。时序值 Y_t 既包括季节性又包括某些随机性，为平滑随机性变动。

② 霍特–温特季节相加模型。

霍特–温特季节相加模型用于对既有线性趋势又有季节变动的时间序列的短期预测。其预测模型为

$$F_{t+m} = (S_t + b_t m) + I_{t-L+m} \tag{5.28}$$

式中各符号的意义以及计算同霍特–温特季节乘积模型，只是趋势与季节变动是相加关系。

使用温特法面临的一个重要问题是如何确定参数α、β、γ的值，通常采用反复试验的方法，使平均绝对百分误差最小。

5.2.3 季节指数法

季节指数法是指变量在一年内以季度或月份的循环为周期特征，通过计算季节指数达到预测目的的一种方法。首先分析判断时间序列数据是否呈现季节性波动。一般将 3～5 年的资料按季度或月份展开，绘制历史曲线图，观察其在一年内有无周期性波动来判断。

设时间序列为 $X_1, X_2, \cdots, X_{4n}$，其中 n 为年数，每年取 4 个季度。当时间序列没有明显的趋势变动，而主要受季节变化和不规则变动影响时，可用季节性水平模型进行预测，预测步骤如下。

(1) 计算历年同季的平均数为

$$\begin{cases} r_1 = \dfrac{1}{n}(X_1 + X_5 + X_9 + \cdots + X_{4n-3}) \\[2mm] r_2 = \dfrac{1}{n}(X_2 + X_6 + X_{10} + \cdots + X_{4n-2}) \\[2mm] r_3 = \dfrac{1}{n}(X_3 + X_7 + X_{11} + \cdots + X_{4n-1}) \\[2mm] r_4 = \dfrac{1}{n}(X_4 + X_8 + X_{12} + \cdots + X_{4n}) \end{cases} \tag{5.29}$$

（2）计算总平均数为

$$y = \frac{1}{4n}\sum_{i=1}^{4n} X_i \tag{5.30}$$

（3）计算各季的季节指数，即历年同季的平均数与所有时期的季平均数之比，即

$$\alpha_i = \frac{r_i}{y} \quad i = 1,2,3,4 \tag{5.31}$$

若各季的季节指数之和不为 4，季节指数需要调整为

$$F_i = \frac{4}{\sum \alpha_i}\alpha_i \quad i = 1,2,3,4 \tag{5.32}$$

（4）利用季节指数法进行预测，得

$$\hat{X}_t = X_i \frac{\alpha_t}{\alpha_i} \tag{5.33}$$

式中，$\hat{X}_t$ 为第 t 季的预测值；α_t 为第 t 季的季节指数；X_i 为第 i 季的实际值；α_i 为第 i 季的季节指数。

表 5-10 所示为我国 1978—1983 年各季度的农业生产资料销售额数据。

表 5-10　我国 1978—1983 年各季度农业生产资料销售额

年份	销售额/亿元			
	一季度	二季度	三季度	四季度
1978	62.6	88.0	79.1	64.0
1979	71.5	95.3	88.5	68.7
1980	74.8	106.3	96.4	68.5
1981	75.9	106.0	95.7	69.9
1982	85.2	117.6	107.3	78.4
1983	86.5	131.1	115.4	90.3

通过季节指数法，结合表 5-10，可以得到各季的季节指数如表 5-11 所示。

表 5-11　农业生产资料销售额季节指数

年份	销售额/亿元				
	一季度	二季度	三季度	四季度	全年合计
1978	62.6	88.0	79.1	64.0	293.7
1979	71.5	95.3	88.5	68.7	324.0
1980	74.8	106.3	96.4	68.5	346.0
1981	75.9	106.0	95.7	69.9	347.5
1982	85.2	117.6	107.3	78.4	388.5
1983	86.5	131.1	115.4	90.3	423.3

续表

年份	销售额/亿元				
	一季度	二季度	三季度	四季度	全年合计
合计	456.5	644.3	582.4	439.8	2123.0
同季平均	76.08	107.38	97.07	73.30	88.46
季节指数/%	86.00	121.39	109.73	82.86	100.00

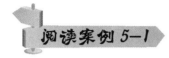

阅读案例 5-1

指数平滑法应用举例

已知某厂 1978—1998 年的钢产量如表 5-12 所示。试预测 1999 年该厂的钢产量。

表 5-12　某厂 1978—1998 年的钢产量

年份	钢产量/万吨	年份	钢产量/万吨
1978	676	1989	2031
1979	825	1990	2234
1980	774	1991	2566
1981	716	1992	2820
1982	940	1993	3006
1983	1159	1994	3093
1984	1384	1995	3277
1985	1524	1996	3514
1986	1668	1997	3770
1987	1688	1998	4107
1988	1958		

下面利用 Excel 软件中的指数平滑工具进行预测，具体步骤如下。

(1) 选择"工具"菜单中的"数据分析"命令，弹出"数据分析"对话框。在"分析工具"列表框中选择指数平滑工具。这时将出现"指数平滑"对话框，如图 5.7 所示。

在"输入"选项组中指定输入参数。本例在"输入区域"中指定数据所在的单元格区域 B1:B22，因为指定的输入区域包含标志行，所以选中"标志"复选框，在"阻尼系数"文本框中输入加权系数 0.3。在"输出选项"选项组中指定输出参数。本例在"输出区域"中指定输出到当前工作表以 C2 为左上角的单元格区域，选中"图表输出"复选框。单击"确定"按钮。这时，Excel 给出一次指数平滑值，如图 5.8 所示。

图 5.7　"指数平滑"对话框

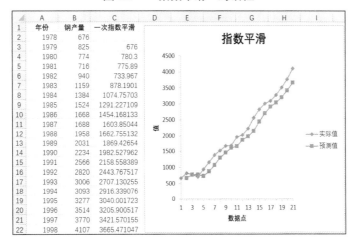

图 5.8　一次指数平滑结果

可以看出，钢产量具有明显的线性增长趋势。因此需使用二次指数平滑法，即在一次指数平滑的基础上再进行指数平滑。所得结果如图 5.9 所示。

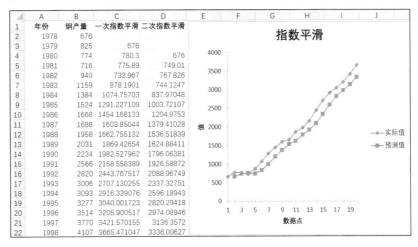

图 5.9　二次指数平滑结果

利用式(5.15)的截距 a_t 和斜率 b_t 计算公式可得

$$a_{21} = 2S_{21}^{(1)} - S_{21}^{(2)} = 2 \times 3665.47 - 3336.01 \approx 3994.9$$

$$b_{21} = \frac{0.3}{1-0.3}\left(S_{21}^{(1)} - S_{21}^{(2)}\right) = \frac{0.3}{0.7}(3665.47 - 3336.01) \approx 141.2$$

于是，可得钢产量的直线趋势预测模型为

$$\hat{y}_{21+T} = 3994.9 + 141.2T \quad T = 1,2,3\cdots$$

预测 1999 年的钢产量为

$$\hat{y}_{1999} = \hat{y}_{21+1} = 3994.9 + 141.2 = 4136.1$$

(资料来源：https://wenku.baidu.com/view/86e92d64c281e53a5902ff37.html.[2021-9-12])

5.3 随机性时间序列分析法

在随机性时间序列中，平稳随机过程的统计特性不随时间的推移而变化，在实际中若前后的环境和主要条件都不随时间变化就可以认为是平稳过程。平稳性时间序列分析通常需通过建立自回归模型、滑动平均模型等，而非平稳性时间序列通常借由差分方程将序列平稳化后再分析。

5.3.1 平稳性时间序列分析

平稳性时间序列的平均水平不因时间变化而改变，依其程度可分为严密平稳与衰落平稳两种类型。严密平稳性时间序列在固定时期内的概率分布不因时间起点而改变，即无论观测时间往前或往后移动，其概率结构均保持不变。衰落平稳性时间序列的概率分布，仅其平均数与协方差不随时间起点移动而改变。

时间序列分析经常假设序列为平稳性，实际上，许多时间序列都不符合该假设，因此需要先对序列进行方差平稳转换，再进行差分。若该转换后的序列符合平稳性要求，则以适当模式进行适配，而模式无法解释的残差必须符合白噪声过程。所谓白噪声，是白噪声序列的简称，白噪声序列的特点表现在任何两个时点的随机变量都不相关，序列中没有任何可以利用的动态规律，因此不能用历史数据对未来进行预测和推断。白噪声序列服从于期望值为 0，方差不随时间改变的正态分布，若残差符合白噪声则代表残差中所有的有用信息都被提取出来。

1. 自回归模型

自回归(AutoRegressive，AR)模型是统计上一种处理时间序列的方法，用同一变量如 x 的之前各期，亦即 x_1 至 x_{t-1} 来预测本期 x_t 的表现，并假设它们为一线性关系。因为这是从回归分析中的线性回归发展而来，只是不用 x 预测 y，而是用 x 预测 x(自己)，所以称为自回归。

如果时间序列 X_t $(t=1, 2, \cdots)$ 是平稳的，且数据前后有一定的依存关系，即 X_t 与前面 $X_{t-1}, X_{t-2}, \cdots, X_{t-p}$ 有关，而与其以前时刻进入系统的扰动(白噪声)无关，具有 p 阶的记忆，描述这种关系的数学模型就是 p 阶自回归模型，模型为

$$X_t = \varphi_1 X_{t-1} + \varphi_2 X_{t-2} + \cdots + \varphi_p X_{t-p} + a_t \tag{5.34}$$

式中，$\varphi_1, \varphi_2, \cdots, \varphi_p$ 是自回归系数或称权系数；a_t 为白噪声，它对 X_t 产生效应，类似于相关回归分析中的随机误差干扰项，它是均值为 0，方差为 σa^2 的白噪声序列。

为了更容易计算，在上述模型中引入后移算子。后移算子类似于一个时间指针，当前序列乘以一个后移算子，就相当于把当前序列值的时间向过去拨了一个时刻，记 B 为后移算子，则式(5.34)可改为

$$X_t = \varphi_1 B X_t + \varphi_2 B X_{t-1} + \cdots + \varphi_p B X_{t+1-p} + a_t \tag{5.35}$$

等价于

$$X_t = \varphi_1 B X_t + \varphi_2 B^2 X_t + \cdots + \varphi_p B^p X_t + a_t \tag{5.36}$$

则

$$a_t = \left(1 - B\varphi_1 - B^2\varphi_2 - \cdots - B^p\varphi_p\right) X_t \tag{5.37}$$

记 $\varphi(B) = 1 - B\varphi_1 - B^2\varphi_2 - \cdots - B^p\varphi_p$，则式(5.37)可写为

$$\varphi(B) X_t = a_t$$

称 $\varphi(B)=0$ 为 AR(p)模型的特征方程。特征方程的 p 个根 $\lambda_i (i=1, 2, \cdots, p)$ 称为 AR(p)的特征根。若 p 个特征根均在单位圆外，即 $|\lambda_i|>1$，则称 AR(p)模型为平稳模型，对应的为平稳 AR(p)序列。当 p 的特征根不全在单位圆外，称为广义 AR(p)模型。由于是关于后移算子 B 的多项式，因此 AR(p)模型是否平稳还取决于参数 $\varphi_1, \varphi_2, \cdots, \varphi_p$。

2. 移动平均模型

如果时间序列 $X_t (t=1, 2, \cdots)$ 是平稳的，与前面 $X_{t-1}, X_{t-2}, \cdots, X_{t-p}$ 无关，与以前时刻进入系统的扰动(白噪声)有关，具有 q 阶的记忆，描述这种关系的数学模型就是 q 阶移动平均(Moving Average，MA)模型，模型为

$$X_t = a_t - \theta_1 a_{t-1} + \theta_2 a_{t-2} + \cdots + \theta_q a_{t-q} \tag{5.38}$$

同样，引入后移算子 B，则式(5.38)可改为

$$X_t = (1 - \theta_1 B - \theta_2 B^2 - \cdots - \theta_q B^q) a_t \tag{5.39}$$

记 $\theta(B) = 1 - \theta_1 B - \theta_2 B^2 - \cdots - \theta_q B^q$，则式(5.39)可写为

$$X_t = \theta(B) a_t \tag{5.40}$$

AR 与 MA 的对偶性体现在以下 3 点。

(1) 相互表示。在一个 p 阶平稳的自回归过程中，AR(p)模型表述为 $\varphi(B)X_t=a_t$，也可以表述为 $X_t=\varphi^{-1}(B)\ a_t$。前一个形式是 a_t 用既往的 X_t 的有限加权和表示，后一个形式是 a_t 用既往的 X_t 的无限加权和表示。在一个 q 阶可逆移动平均过程中，MA(q)模型表述为 $X_t=\theta(B)a_t$，也可以表述为，$X_t\ \theta^{-1}(B)=a_t$，前一个形式是 a_t 用既往的 X_t 的有限加权和表示，后一个形式是 a_t 用以往的 X_t 的无限加权和表示。这就是 AR 和 MA 的相互表示，也为两个模型的互相转换提供了依据。

(2) 自相关与偏相关。从 5.2.2 小节对 AR 序列和 MA 序列自相关函数和偏自相关函数的讨论可知，AR 序列的自相关函数拖尾、偏自相关函数截尾，MA 序列正好相反。

(3) 平稳与可逆。在平稳性上，AR 序列是有条件的，即只有参数构成的特征方程 $\varphi(B)=0$ 的所有根都在单位圆外，过程才平稳；MA 序列是无条件的，能够用 MA 模型的序列一定是平稳序列。

3. 自回归移动平均模型

自回归移动平均(AutoRegressive Moving Average，ARMA)模型将预测对象随时间变化形成的序列看成一个随机序列。也就是说，除去偶然因素的影响，时间序列是依赖于时间 t 的一组随机变量。其中，单个序列值的出现具有不确定性，但整个序列的变化却呈现一定的规律性。这种更广泛的线性模型可描述为

$$X_t - \varphi_1 X_{t-1} + \varphi_2 X_{t-2} + \cdots + \varphi_p X_{t-p} = a_t - \theta_1 a_{t-1} + \theta_2 a_{t-2} + \cdots + \theta_q a_{t-q} \tag{5.41}$$

令 $\varphi(B)=1-\varphi_1 B-\varphi_2 B^2-\cdots-\varphi_p B^p$，$\theta(B)=1-\theta_1 B-\theta_2 B^2-\cdots-\theta_q B^q$，式(5.41)又可简写为

$$\varphi(B)X_t = \theta(B)a_t \tag{5.42}$$

该模型即为 p 阶自回归于 q 阶移动平均混合模型，记为 ARMA(p,q) 模型。等式左边为模型的自回归部分，非负整数 p 称为自回归阶数，实参数 $\varphi_1, \varphi_2, \cdots, \varphi_\pi$ 称为自回归系数；等式右边是模型的移动平均部分，非负整数 q 称为移动平均阶数，实参数 $(\theta_1, \theta_2, \cdots, \theta_\theta)$ 称为移动平均系数。特殊地，若 $p=0$，则模型为移动平均模型，记为 ARMA$(0,q)$ 或 MA(q)；若 $q=0$，则模型为自回归模型，记为 ARMA$(p,0)$ 或 AR(p)。

ARMA 模型由于同时包含两个过程——自回归过程和移动平均过程，因而其自相关与偏自相关函数都比 AR(p) 和 MA(q) 序列复杂，对 ARMA$(1,1)$ 模型，有

$$X_t - \varphi_1 X_{t-1} = a_t - \theta_1 a_{t-1} \tag{5.43}$$

进行统计处理，可以得到自相关系数为

$$r_1 = \frac{(1-\varphi_1\theta_1)(\varphi_1-\theta_1)}{(1+\theta_1^2-2\varphi_1\theta)}$$
$$r_2 = \varphi_1 r_1$$
$$\vdots$$
$$r_k = \varphi_1 r_{k-1}$$

因此，自相关系数 r_1 是 φ_1 和 θ_1 的函数，自相关函数从 r_1 开始，呈指数衰减。若 $\varphi_1>0$，则自相关函数的指数衰减是平滑的；若 $\varphi_1<0$，则自相关函数的指数衰减是交变的，在正负值之间震荡。

5.3.2 非平稳性时间序列分析

1. 相关概念

如果一个时间序列的均值或方差随时间而变化，那么，这个时间序列数据就是非平稳的时间序列数据；如果一个序列是非平稳的序列，常常称这一序列具有非平稳性。在实际的经济预测中，随机数据序列往往都是非平稳的，此时就需要对该随机数据序列进行差分运算，进而得到 ARMA 模型的推广——ARIMA 模型。在此，差分的目的是使因变量序列平稳，序列平稳是进行 ARIMA 回归的前提条件。

2. 统计过程

ARIMA 模型全称为差分自回归移动平均(AutoRegressive Integrated Moving Average)模型，简记为 ARIMA(p, d, q)模型，其中 AR 是自回归，p 为自回归阶数；MA 为移动平均，q 为移动平均阶数；d 为时间序列成为平稳时间序列时所进行的差分次数。ARIMA(p, d, q)模型的实质就是差分运算 ARMA(p, q)模型的组合，即 ARMA(p, q)模型经 d 次差分后，便成为 ARIMA(p, d, q)。

定义一阶差分算子，则差分算子和后移算子 B 的关系为

$$\nabla = 1 - B \qquad \nabla^2 = (1-B)^2 \qquad \nabla^d = (1-B)^d \tag{5.44}$$

式中，d 为差分的阶。

设 Y_t 为非平稳序列，d 阶逐期差分后的平稳序列为 Z_t，即有

$$Z_t = \nabla^d Y_t \quad t > d$$

若 Z_t 是 ARMA(p, q)序列，则 Y_t 称为 ARMA 的 d 阶求和序列，并可以用 ARIMA(p, d, q)表示。模型的一般形式为

$$\varphi(B)(1-B)^d Y_t = \theta(B)a_t \tag{5.45}$$

式中，d 为求和阶数，即差分阶数；p 和 q 分别是平稳序列的自回归和移动平均阶数；$\varphi(B)$ 和 $\theta(B)$ 分别为自回归算子和移动平均算子。特殊地，ARIMA$(0, d, 0)$模型为

$$(1-B)^d Y_t = a_t \tag{5.46}$$

ARIMA(p, d, q)模型的最简单情况为 ARIMA$(1, 1, 1)$，表达式为

$$(1-B)(1-\varphi_1 B)Y_t = (1-\theta_1 B)a_t \tag{5.47}$$

若序列存在季节变动而没有明显的趋势，且通过 D 阶季节差分基本消除季节变化，则可以建立改进的另一类 ARIMA$(p, d, q)^s$ 模型，模型的一般形式为

$$\Phi(B)Y_t(1-B^s)^d = \omega(B)a_t \tag{5.48}$$

式中，$\Phi(B)$ 是季节回归算子，$\Phi(B) = 1 - \Phi_1 B^s - \Phi_2 B^{2s} - \cdots - \Phi_p B^{ps}$，$p$ 是季节自回归阶数；$\omega(B)$ 是季节移动平均算子，$\omega(B) = 1 - \omega_1 B^s - \omega_2 B^{2s} - \cdots - \omega_q B^{qs}$，$q$ 是季节移动平均阶数；d 是季节求和阶数，即季节差分阶数；s 是季节周期长度，若为月度数据，则 s 取 12；若为季度数据，s 取 4。

模型若为 ARIMA$(1, 1, 1)^4$，则可以写为

$$(1-\Phi_1 B^4)(1-B^4)Y_t = (1-\omega_1 B^4)a_t \tag{5.49}$$

3. ARIMA 建模

ARIMA 建模实际上包括 3 个阶段，即模型识别阶段、参数估计和检验阶段、预测应用阶段。其中前两个阶段可能需要反复进行。ARIMA 模型的识别就是判断 p、d、q、sp、sd 和 sq 的阶，主要依靠自相关函数和偏自相关函数图来初步判断和估计。一个识别良好的模型应该有两个要素：一是模型的残差白噪声序列，需要通过残差白噪声检验；二是模型参数的简约性和拟合优度指标的优良性(如对数似然值较大，AIC 和 BIC 较小)方面取得平衡。还有一点需要注意的是，模型的形式应该易于理解。

表 5-13 所示为某加油站 55 天的燃油剩余数据，其中正值表示燃油有剩余，负值表示燃油不足。对此序列拟合时间序列模型并进行分析。

表 5-13 某加油站 55 天的燃油剩余数据

天	1	2	3	4	5	6	7	8	9	10	11
燃油数据	92	−85	80	12	10	3	−1	−2	0	−90	−100
天	12	13	14	15	16	17	18	19	20	21	22
燃油数据	−44	−2	20	78	−98	−9	75	65	80	−20	−85
天	23	24	25	26	27	28	29	30	31	32	33
燃油数据	0	1	150	−100	135	−70	−60	−50	30	−10	3
天	34	35	36	37	38	39	40	41	42	43	44
燃油数据	−65	10	8	−10	10	−25	90	−30	−32	15	20
天	45	46	47	48	49	50	51	52	53	54	55
燃油数据	15	90	15	−10	−8	8	0	25	−120	70	−10

利用 SPSS 软件，对表 5-12 进行拟合时间序列模型和分析。

(1) 数据组织。将数据组织成两列，一列是"天数"，另一列是"燃油量"，输入数据并保存，并以"天数"定义日期变量。

(2) 观察数据序列的性质。先绘制时序图，观察数据序列的特点。按"分析→预测→序列图"的顺序打开"序列图"对话框，将"燃油量"设置为变量，并将所产生的日期新变量"DATE_"设为时间标签轴，生成时序图。然后再对自相关图和偏自相关图做进一步分析，按"分析→预测→自相关"的顺序打开"自相关"对话框，在"输出"选项组中勾选"自相关"和"偏自相关"复选框。

(3) 模型拟合。按"分析→预测→创建模型"的顺序打开"时间序列建模器"对话框，将"燃油量"选入"因变量"列表框，并选择"方法"下的"ARIMA"模型。然后设置"条件""统计量""图标"对话框。由于此例是 ARIMA(1, 0, 0)模型，且无季节性影响，因此将自回归的阶数设为 1，其余均为 0。

(4) 主要结果及分析。通过上述操作可以得到模型的统计量表、ARIMA 模型参数表以及自相关函数和偏自相关函数图。

ARIMA 模型参数如表 5-14 所示。可以看出，AR(1)模型的参数为−0.382，参数是显著的，常数项为 4.69，不显著。从结果来看，其拟合模型为

$$x_t - 0.382x_{t-1} = 4.69 + a_t$$

表 5-14 ARIMA 模型参数

					估计	SE	t	Sig.
燃油量_模型_1	燃油量	无转换	常数		4.690	5.399	0.869	0.389
			AR	滞后 1	−0.382	0.127	−3.020	0.004

自相关函数和偏自相关函数图如图 5.10 所示。可以看出，残差的自相关和偏自相关函数都是 0 阶截尾的，因而残差是一个不含相关性的白噪声序列。因此，序列的相关性都已经充分拟合了。

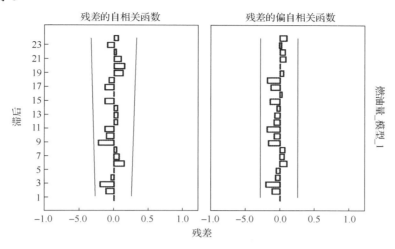

图 5.10　自相关函数和偏自相关函数图

说明，所谓拖尾是自相关系数或偏自相关系数逐步趋向于 0，这个趋向过程有不同的表现形式，有几何式的衰减，有正弦波式的衰减；而所谓截尾是指从某阶后自相关或偏自相关系数为 0。

5.3.3 异方差时间序列分析

1. 相关概念

在自回归移动平均模型中，我们主要讨论平稳性时间序列的建模问题。由于针对平稳性时间序列，实际上假定任一时点的随机误差项的期望值是相同的，一般为 0，同时假定任一随机误差项平方的期望值就是随机误差的方差，即同方差。

但是在金融市场上，金融资产报酬序列具有这样的特性，大的报酬紧连着大的报酬，小的报酬紧连着小的报酬，称为波动集群性。波动集群性表明股票报酬波动是时变的，表明是异方差。异方差虽然不会影响回归系数的最小二乘估计的无偏性，但是将影响到回归系数估计的标准差和置信区间，这种序列为异方差时间序列。

这种序列的特征是：①过程的方差不仅随时间变化，而且有时变化得很激烈；②按时间观察，表现出"波动集群"特征，即方差在一定时段中比较小，而在另一时段中比较大；③从取值的分布看，表现出的则是"高峰厚尾"的特征，即均值附近与尾区的概率值比正态分布大，而其余区的概率比正态分布小。

2. 模型

基本的自回归条件异方差(AutoRegressive Conditional Heteroskedasticity，ARCH)模型为

$$\begin{cases} r_t = \mu_t + u_t \\ u_t = \sqrt{h_t}\varepsilon_t \\ h_t = \alpha_0 + \alpha_1 u_{t-1}^2 \end{cases} \tag{5.50}$$

式中，μ_t 为条件预期值模型，典型的条件预期值模型有 AR 模型或 ARMA 模型；ε_t 为随机因素，是服从均值为 0、方差为 1 的正态分布。u_t 的表达式假设误差项可以分解为随机因素 ε_t 和条件方差 h_t。这里要注意，误差项的条件方差为

$$\text{var}(u_t \mid \Omega_{-1}) = h_t = \alpha_0 + \alpha_1 u_{t-1}^2 \tag{5.51}$$

由于 h_t 只包含 $t-1$ 期可利用的信息，因此，它在 $t-1$ 期是已知的变量。h_t 决定误差项 u_t 的条件方差。式(5.51)也表明，ARCH 模型误差项的条件方差将随着时间推移而变化。在该模型中，上一期的误差项越大，当期误差项的条件方差也越大。

更为一般地，以回归的方式将模型描述为

$$\begin{cases} X_t = c + \rho_1 X_{t-1} + \rho_2 X_{t-2} + \cdots + \rho_p X_{t-p} + u_t \\ u_t = \sqrt{h_t}\varepsilon_t \\ h_t = \alpha_0 + \alpha_1 u_{t-1}^2 + \alpha_2 u_{t-2}^2 + \cdots + \alpha_q u_{t-q}^2 \end{cases} \tag{5.52}$$

GARCH 模型为广义 ARCH 模型，GARCH(p, q)模型可表示为

$$\begin{cases} X_t = c + \rho_1 X_{t-1} + \rho_2 X_{t-2} + \cdots + \rho_p X_{t-p} + u_t \\ u_t = \sqrt{h_t}\varepsilon_t \\ h_t = \alpha_0 + \sum_{i=1}^{q} \alpha_i u_{t-i}^2 + \sum_{i=1}^{p} \beta_i h_{t-i} \end{cases} \tag{5.53}$$

GARCH 模型实际上就是在 ARCH 模型的基础上，增加考虑了异方差的 p 阶自相关性而形成的，它可以有效拟合具有长期记忆的异方差函数。显然 ARCH 模型是 GARCH 模型的一个特例，ARCH(q)模型就是 $p=0$ 时的 GARCH(p, q)模型。

本 章 小 结

本章主要介绍了时间序列分析法，时间序列分析法是一类用于挖掘和分析时序的方法。对于时间序列分析，首先需要判断时序的类型。对于平稳确定性时间序列则可以用移动平均、指数平滑等方法，若带有明显的季节性特征，则可以使用季节指数法。对于随机性时间序列，则需要借助经典的模型进行分析，典型的就是 ARIMA 模型。

【关键术语】

(1) 时间序列分析   (2) 移动平均法   (3) 指数平滑法

(4) 季节指数预测法   (5) ARMA 模型   (6) ARIMA 模型

(7) ARCH 模型

习　　题

1．选择题

(1) 时间序列的构成因素不包括(　　)。

    A．趋势性　　　　　　　　　　　B．不规则变化

    C．周期性　　　　　　　　　　　D．可预测性

(2) 不规则变化是(　　)。

    A．由短期的未被预测到的以及能够重复发现的那些影响时间序列的因素引起的

    B．用于解释时间序列的随机变动或有一定规律的变动

    C．指实际时间序列值与只考虑季节性变动的估计值之间的偏差

    D．指现象受偶然因素的影响而呈现出的不规则波动

(3) 按研究依据的不同，时间序列分类错误的是(　　)。

    A．离散时间序列、半离散时间序列和连续时间序列

    B．随机性时间序列和非随机性时间序列

    C．一元时间序列和多元时间序列

    D．绝对数时间序列、相对数时间序列和平均数时间序列

(4) 平稳性时间序列是指由(　　)构成的时间序列，其特点是影响数列各期数值的因素是确定的，而且各期数值总是保持在一定的水平上，上下相差不大。

    A．确定型变量　　　　　　　　　B．随机型变量

    C．离散型变量　　　　　　　　　D．单点型变量

(5) 下列关于时间序列与时点数列的说法正确的是(　　)。

    A．时点数列中指标数值的大小与时期长短有直接关系，而时期数列正相反

    B．时间序列是将某一指标在不同时间上的不同数值，按照时间顺序排列而成的数列

    C．时期数列和时点数列中的各个指标值都可以相加

    D．时点数列是指数列中的每一个指标值都反映现象在所有时点上达到的水平

(6) 下列关于确定性时间序列分析法的说法正确的是(　　)。

    A．简单平均法是利用计算 T 期的算数和作为下一期即 $T+1$ 期预测值的方法

    B．简单平均法的数据存储量比简单移动平均法少

    C．加权移动平均法正是基于近期的数值往往影响较大，远离预测期的数值影响较小的思想

    D．一次指数平滑法不存在滞后现象

2．判断题

(1) 建立在平均基础上的预测方法适用于基本在水平方向波动并且有明显趋势的序列。　　　　　　　　　　　　　　　　　　　　　　　　　　　　　　　　　(　　)

大数据分析

(2) 简单平均法需要存储全部历史数据。　　　　　　　　　　　　　　　（　　）

(3) 移动平均法是保持总期数不变，而使所求的平均值随时间变化不断移动。（　　）

(4) 一次指数平滑法适用于有波动性的序列。　　　　　　　　　　　　　（　　）

(5) 衰落平稳性时间序列在固定时期内的概率分布不因时间起点而改变，即无论观测时间往前或往后移动，其概率结构均保持不变。　　　　　　　　　　　　　（　　）

(6) 若转换后的序列符合平稳性要求，则以适当模式进行适配，而模式无法解释的残差必须符合白噪声过程。　　　　　　　　　　　　　　　　　　　　　（　　）

3. 简答题

(1) 时间序列分析方法的步骤是什么？

(2) 时间序列的分类是什么？都包含哪些类别？

(3) 三次指数平滑法与二次指数平滑法、一次指数平滑法相比有哪些不同？

(4) 简述季节指数法的预测步骤。

(5) ARMA 模型的原理是什么？

(6) ARCH 模型及 GARCH 模型的原理是什么？

(7) 某企业 1—11 月份的销售收入如表 5-15 所示。试用简单移动平均法预测 12 月份的销售收入。(令移动步长为 4)

表 5-15　某企业 1—11 月份销售收入

月份	销售收入/万元	月份	销售收入/万元
1	533.8	7	816.4
2	574.6	8	892.7
3	606.9	9	963.9
4	649.8	10	1015.1
5	705.1	11	1102.7
6	772.0	12	

(8) 某空调厂 2000—2002 年空调销量如表 5-16 所示。预计 2003 年的销量比 2002 年递增 3%，用季节指数法预测 2003 年各季度销量。

表 5-16　某空调厂 2000—2002 年空调销量

年份	销量/万台			
	第一季度	第二季度	第三季度	第四季度
2000	5.7	22.6	28.0	6.2
2001	6.0	22.8	30.2	5.9
2002	6.1	23.1	30.8	6.2

第6章 人工神经网络

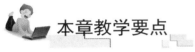 本章教学要点

知识要点	掌握程度	相关知识
人工神经网络简介	了解	人工神经网络的概念、由来
人工神经网络在大数据中的应用	熟悉	在模式识别、智能推理、机器学习、搜索空间知识中的应用
多层感知器、径向基函数神经网络	掌握	多层感知器和径向基函数神经网络的概念及其区别与联系
Kohonen 网络	熟悉	Kohonen 网络的概念及其学习方式
学习规则	熟悉	常见的 6 种学习规则及公式推演
神经网络训练算法	熟悉	常见的 3 种神经网络训练算法

重要知识点图谱

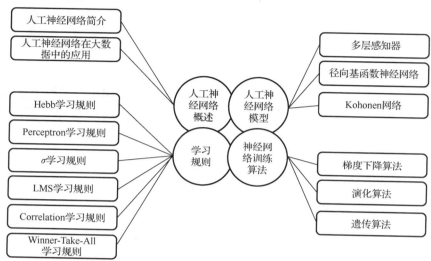

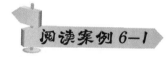

人工神经网络的机理

人工神经网络算法的作用机理较难理解，为了更好地学习人工神经网络，现在以一个简单的例子来说明其原理。这个例子是关于人的识别技术的，在门禁系统、逃犯识别、各种验证码破译、银行预留印鉴签名比对和机器人设计等领域都有比较好的应用前景。当然也可以用来进行客户数据的挖掘工作，如建立一个能筛选满足某种要求的客户群的模型等。

在探讨人工神经网络识别人的技术机理之前，先要明白人类识别人的机理。当人类看到一个人也就是识别对象后，我们首先提取其关键的外部特征，如身高、体形、面部特征、声音等。根据这些信息，大脑迅速在内部寻找相关的记忆区间，如果有这个人的信息的话，这个人就是熟人，否则就是陌生人。机器识别人的原理也与此类似。

假设参数 $X(1)$ 代表向计算机输入的人的面部特征；$X(2)$ 代表人的身高特征；$X(3)$ 代表人的体形特征；$X(4)$ 代表人的声音特征。$W(1)$、$W(2)$、$W(3)$、$W(4)$ 分别代表 4 种特征的链接权重。这个权重非常重要，也是人工神经网络起作用的核心变量。

现在随便找一个人站在计算机面前，如小陈，计算机根据预设变量提取这个人的信息，小陈有什么面部特征，身高多少，体形胖瘦，声音有什么特征，链接权重初始值是随机的，假设每一个 W 均是 0.25，这时候计算机按以下公式自动计算。

$$Y=X(1)W(1)+X(2)W(2)+X(3)W(3)+X(4)W(4)$$

得出一个结果 Y。这个 Y 要和一个门槛值(设为 Q)进行比较，如果 $Y > Q$，那么计算机就判断这个人是小陈，否则判断不是小陈。由于第一次计算机没有经验，所以结果是随机的。一般结果是正确的，因为我们输入的就是小陈的身体数据。

现在还是让小陈站在计算机面前，不过小陈怕被计算机认出来，所以换了一件衣服，这个行为会影响小陈的体形，也就是 $X(3)$ 变了，那么最后计算的 Y 值也就变了。它和 Q 比较的结果随即发生变化，这时候计算机的判断失误，它的结论是这个人不是小陈。但是我们告诉它这个人就是小陈，计算机就会追溯自己的判断过程，看看到底是哪一步出错了。结果发现原来小陈体形 $X(3)$ 这个体征的变化，导致了其判断失误。很显然，体形 $X(3)$ 欺骗了它，这个属性在人的识别中不是那么重要。计算机自动修改其权重 $W(3)$，初始值是 0.25，现在降低为 0.10。修改了这个权重就意味着，计算机通过学习认为体形在判断一个人是不是自己认识的人的时候并不是那么重要。这就是机器学习的一个循环。

这次让小陈穿一双高跟皮鞋改变一下身高这个属性，让计算机再次进行学习。以此类推，通过变换所有可能变换的外部特征，轮番让计算机学习记忆，它就会记住小陈这个人比较关键的特征，也就是没有经过修改的特征。也就是说，计算机通过学习会总结出识别小陈，甚至是任何一个人的关键特征。利用训练对象小陈训练计算机，计算机已经变得非常聪明了。这时，再让小陈换件衣服或换双鞋站在计算机前面，计算机都可以迅速地判断出这个人就是小陈。因为计算机已经不再主要依据事先输入的特征识别人了，通过改变衣服、身高骗不了它。

当然，有时候如果计算机赖以判断是否为小陈的关键特征发生了变化，它也会判断失误。这是在可接受范围之内的，不要说计算机，就是人类也无能为力。例如，一个好朋友，经过多次的识记后，我们肯定认识。但是，如果他整了容，在大街上与我们相遇。我们可能觉得这个人的声音很熟悉，体形也很熟悉，很像自己的一个朋友，但就是脸长得不像。我们通常不敢贸然相认，进而作出否定的判断。因为我们判断一个人是不是自己认识的人时，依靠的关键特征往往是面部特征，而他恰恰就是改变了这一特征。当然也可能出现把一个拥有和我们朋友足够多相似特征的人判断为朋友，这就是认错人的现象了。这些问题计算机也会出现。所以，只有通过不断地学习才能降低失误率，才能更加准确无误地判断。因此，机器学习成为人工神经网络在大数据中的重要应用之一。

(资料来源：https://blog.csdn.net/xiaojinzichen/article/details/45823813?locationNum=3&fps=1.[2021-9-12])

人工神经网络(Artificial Neural Network，ANN)是模拟由神经元组成的生物系统行为的算法。它从信息处理的角度对人脑神经元网络进行抽象，建立某种简单模型，按不同的连接方式组成不同的网络。近些年来，人工神经网络的研究工作不断深入，已经取得了很大的进展，其在模式识别、智能机器人、自动控制、预测估计、生物、医学、经济等领域已成功地解决了许多现代计算机难以解决的实际问题，表现出了良好的智能特性。

6.1　人工神经网络概述

从 20 世纪 50 年代提出最简单的人工神经网络模型开始，它已经用来预测，其不仅可

用于分类，还可以用于连续目标属性的回归。人工神经网络是某些描述性和预测性数据挖掘方法的根基，在多种问题的解决上取得了出色的成绩，甚至在面对复杂现象、非常规形式和难以掌握及不遵循任何特殊概率法则的数据时也表现突出。

6.1.1　人工神经网络简介

人工神经网络是基于人类神经元的一种机器学习算法。人类的大脑由数以百万计的神经元组成，这些神经元传输、处理电信号和化学信号，促使大脑工作。神经元通过一种特殊结构(突触)相互连接，使之可以传输信号。类似地，人工神经网络是指由大量的处理单元(神经元)互相连接而形成的复杂网络结构，是对人脑组织结构和运行机制的某种抽象、简化和模拟，它以数学模型模拟神经元活动，是基于模仿大脑神经网络结构和功能而建立的一种信息处理系统。

图 6.1 所示为一个简单的人工神经网络。在图 6.1 中，人工神经网络以输入节点开始，该节点组成了输入层，即节点 1 和 2。

(1) 每个输入节点(节点 1 和 2)类似一个预测变量。

(2) 每个输入节点连接到隐藏层的各个节点(节点 1 和 2 都与节点 3、4 和 5 相连)。

(3) 每个隐藏节点(节点 3、4 和 5)连接到其他隐藏节点或输出节点，即图 6.1 中的节点 6。

在人工神经网络中，不同节点可能有些未知参数，这些参数称为连接权重(weight)，可以将连接权重比作从一个点移到另一个点的距离，或者比作从机器的一个状态转换为另一个状态所需的工作量。从一个节点到另一个节点的连接权重可以通过简单的计算各访问节点的权重之和得到。

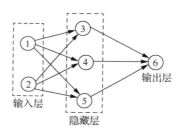

图 6.1　简单人工神经网络示意图

人工神经网络包含以下 3 个层次。

(1) 输入层。输入层接收每次观测中的解释属性值作为输入。通常，输入层中的输入节点数量等于解释变量数量。

(2) 隐藏层。隐藏层对网络中的输入值应用给定的变换。在隐藏层中，每个节点接收从其他隐藏节点或输入节点发出的入弧，并用出弧与输出节点或其他隐藏节点相连。

(3) 输出层。输出层接收来自隐藏层或输入层的连接，并返回对应于响应变量预测的输出值。在分类问题中，通常只有一个输出节点。

属于中间层(隐藏层)的多个单元有时候在输入层和输出层之间连接，这时单元输入值是 n_i 的加权总和 $\sum n_i p_i$。为了确定输出值，对该值应用第二个函数(称为传递函数或者激励函数)。输入层的单元没有创建任何组合,只是简单地传输对应的变量值。从这个意义上说,这些单元很简单。

因此,感知单元采用如图 6.2 所示的形式。图 6.2 中使用的标记可以这样描述。

(1) n_i 是前一级中单元 i 的值(加总连接到所观测单元的前一级中所有单元)。

(2) p_i 是与单元 i 和观测单元之间连接相关的权重。

(3) f 是与观测单元相关的传递函数。

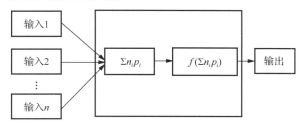

图 6.2　神经网络的感知单元

单元接收值作为其输入,并返回 0 到 n 个输出值。所有值都根据传递函数的限值进行规格化,使其值处在 0 和 1 之间(有时候在 -1 和 1 之间)。

人工神经网络的预测能力可以通过在输入和输出层之间添加一个或多个隐藏层而增加,但是,隐藏层的数量应该尽可能小,这样可以确保神经网络不是简单地保存来自学习集的所有信息而是对其进行概括,从而避免发生过度拟合问题。当神经网络中的连接权重使得系统学习训练数据集的细节,而不是发现总体结构时,就发生了过度拟合。这种现象是因为相对于模型的复杂度(也就是网络拓扑的复杂度)而言,学习集太小。

不管是否有隐藏层,当需要预测的类很多时,网络的输出层有时就可能有许多个单元。图 6.3 所示为具有两个输出单元的神经网络。

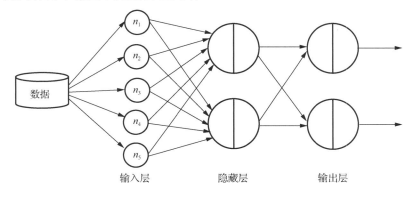

图 6.3　有两个输出单元的神经网络

人工神经网络具有以下优势。

(1) 具有很强的非线性信息综合处理能力。非线性关系符合自然界的普遍特性,人工神经网络可充分逼近任意复杂的非线性关系,能同时处理定量和定性的信息,很好地协调多种信息输入关系,可用来处理复杂非线性和不确定性对象。

(2) 具有自组织、自学习、自适应性的能力。在现实世界中，不但处理的信息是多变的，在处理信息的同时，非线性动力系统本身也是不断变化的。所以，自学习的功能可有效帮助处理信息，尤其对预测有特别重要的意义。在为人类提供经济预测、市场预测、效益预测等方面具有广阔的应用前景。且自适应性使得各神经元之间的联系强度具有一定的可塑性，可以用来处理不确定或不知道的系统。人工神经网络克服了传统人工智能方法对于直觉(如模式、语言识别、非结构化信息处理)方面的缺陷。

(3) 具有联想存储功能。人工神经网络非局限性的特征使得一个系统的整体行为不仅取决于单个神经元的特征，还取决于各神经元之间的相互作用、相互连接，联想记忆正是由于非局限性特征所致，而人工神经网络中的反馈网络可以实现这种联想。

(4) 具有高速寻找优化解的能力。利用一个针对特定问题而设计的反馈型人工神经网络，结合计算机的高速运算能力，可快速有效地得到复杂问题的优化解。

6.1.2 人工神经网络在大数据中的应用

人工神经网络有广泛的应用场景，可以在预测变量(自变量或输入)和待预测变量(因变量或输出)之间有某种联系的场景中使用它，人工神经网络的一些常见应用如下。

(1) 模式识别。人工神经网络可对信息进行数字化转变及自动识别。在现实世界中，信息包括人类发出的声音、印刷或书写的文字、眼睛看到的风景，以及测量器输出的信号等，以各种各样的模式存在着，人工神经网络可以利用知识处理和信号处理功能将这些模式分辨出来，然后输入计算机创建模型以供后续分析处理。

(2) 智能推理。人工神经网络可模拟人脑进行复杂推理，这种推理是对许多已知事实进行综合处理的过程，表现为通过训练网络以达到一个对训练数据、控制数据的足够小误差的预测行为，可广泛应用在经济预测、股市预测、天气预测等。例如，将电子气象站的数据训练成一个神经网络，通过对气压降水等相关数据的采集分析以及符号化处理，进行综合预测实现智能推理，最终实现短期天气预报功能。

(3) 机器学习。人和机器之间的决定性差别是有无学习能力。在机器中，无法利用事先编好的程序让机器自己学习，但可通过人工神经网络将学习本身编成程序，以使得计算机拥有自动数据建模的能力。

(4) 搜索空间知识。在解决不具备明确解题步骤的复杂问题时，采用搜索方法常会产生错误，人工神经网络可以有效解决这一问题。对采用状态空间图的问题，人工神经网络可采用启发式的搜索(纵向搜索和横向搜索的系统的搜索方法)、表示问题分解的与/或图的搜索，以及博弈树搜索等。

6.2 人工神经网络模型

神经网络的基础是神经元，而人工神经网络是将神经元数学化，进而产生神经元数学模型，人工神经网络模型就是以神经元的数学模型为基础来描述的。简单来讲，人工神经网络模型是由网络拓扑、节点特点和数学规则来表示的，是一种数学模型。

目前，神经网络的变种有很多，例如，误差逆传播网络(Back Propagation of Errors Network)、卷积神经网络(Convolutional Neural Network，CNN)、长短期记忆神经网络(Long Short-Term Memory network，LSTM)等。不同的神经网络适应的功能不同，其中 CNN 适用于图像识别，LSTM 适用于语音识别。但在神经网络的各种模型中，较为简单经典的模型主要有多层感知器(MultiLayer Perceptron，MLP)、径向基函数神经网络(Radial Basis Function Neural Network，RBFNN)和 Kohonen 网络。MLP 和 RBFNN 是输出层有一个或多个因变量的有监督学习网络，而 Kohonen 网络是用于聚类的无监督学习网络。下面将对这 3 种人工神经网络模型展开介绍。

6.2.1　多层感知器

感知器是人工神经网络中的一种典型结构，是集语音、文字、手语、人脸、表情、唇读、体势等多通道为一体，并对这些通道的信息进行编码、压缩、集成、融合的计算机智能接口系统。它对所有能解决的问题存在着收敛算法，并能从数学上严格证明。感知器可分为单层感知器和多层感知器，是一种形式最简单的前馈式人工神经网络。

多层感知器由简单的相互连接的神经元或节点组成，如图 6.4 所示。这是一个表示输入和输出向量之间的非线性映射的模型，即将输入的多个数据集映射到单一的输出的数据集上。相对于单层感知器，多层感知器引入了隐藏层的概念，隐藏层可以有一个或多个，该层次可利用非线性函数作用于它们的加权和，可用来解决单层感知器解决不了的非线性问题，在这种网络中，节点的输出按连接权值进行缩放，并作为下一层网络节点的输入，这说明信息处理的方向只能是向前的。信息从输入节点通过隐藏节点移到输出节点，前馈网络不允许循环。

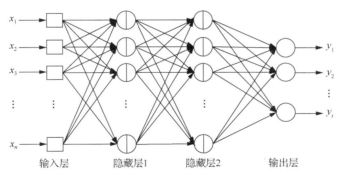

图 6.4　多层感知器

在 MLP 中，神经元以全连通前馈网络的形式按层组织。每个神经元就是一个线性方程，如下面的线性回归方程。

$$y_t = w_0 + w_1 x_1 + w_2 x_2 + \cdots + w_n x_n$$

这个方程称为神经网络的传递函数，这一线性加权总和应该有某个阈值，使神经元的输出为 1 或 0。

多层感知器特别适合于复杂非线性模型的发现。综上所述，多层感知器由多个层次组成，即输入层、输出层和一个或多个隐藏层，一个层次中的每个单元连接到前一层次的一

组单元。输入单元的数量总是等于模型中的变量数，如果必要，这些变量可以是取代原始定性变量的"指标"变量，通常只有一个输出单元。

径向基函数神经网络

径向基函数(Radial Basis Function，RBF)可以简单理解为某点的函数值仅依赖于离中心点距离的实值函数。中心点有两种：一种是原点，也就是 $\Phi(X) = \Phi(\|x\|)$；另一种是任意一点 c，也就是 $\Phi(x,c) = \Phi(\|x-c\|)$。任意一个满足 $\Phi(x) = \Phi(\|x\|)$ 特性的函数 Φ 都称为径向基函数。

RBFNN 的结构也有 3 层，第 1 层为输入层，第 2 层为隐藏层，第 3 层为输出层，如图 6.5 所示。其隐藏层是使用径向基函数作为激活函数的神经元，仅有一个。输入层到隐藏层的神经元之间的权重全部为 1。隐藏层到输出层之间的权重可以通过训练而改变。

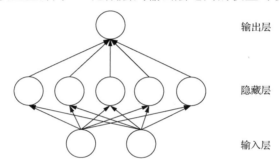

输出层

隐藏层

输入层

图 6.5　径向基函数神经网络

RBFNN 和多层感知器有些类似，也是一种有监督学习网络。但是，它只使用一个隐藏层。在观测隐藏层中每个单元的值时，它使用这一个观测值和单元中心的空间距离，而不是计算前一层单元值的加权总和。和多层感知器的权重不同，RBFNN 隐藏层的中心在学习的每次迭代中不进行调整。

在感知器中，修改某节点的突触权重必须重新评估其他节点的突触权重。但是在RBFNN 中，隐藏的神经元共享空间实际上相互独立，这使得 RBFNN 在学习阶段可以更快收敛，这是它的优势之一。多层感知器隐藏层的一个单元的响应面是超平面 $\sum x_i p_i = K$，类似地，RBFNN 隐藏层单元的响应面是超球面 $\sum (x_i - w_i)^2 = R^2$。

单元对个体的响应是个体与这一超球面之间距离的递减函数 G。由于函数 Γ 通常是一个高斯函数，在应用传递函数之后，单元的响应面是一个高斯平面，换言之，是一个钟形曲面。网络对每个个体 (x_i) 的全局响应可以用以下公式表示。

$$\sum_{k=1}^{\text{隐藏单元数量}} \lambda_k \exp\left[-\frac{1}{2\sigma_k^2} \sum_{i=1}^{\text{输入单元数量}} (x_i - w_i^k)^2\right]$$

式中，w_i^k 是隐藏单元的中心；σ_k 是它们的半径；λ_k 是系数。

RBFNN 的学习涉及隐藏层中单元数量(径向函数数量)、单元中心 w_i^k、半径 σ_k 和系数 λ_k 的确定。学习中的关键点是径向函数数量、中心及半径的选择。完成这一步时，系数 λ_k 可以由监督方式确定，只需要一个简单的线性回归模型。

MLP 和 RBFNN 的对比如表 6-1 所示。

表 6-1　MLP 和 RBFNN 的对比

神经网络类型		MLP	RBFNN
隐藏层	权重	权重 p_i	中心 w_i
	组合函数	内积 $\sum p_i x_i$	欧几里得距离 $\sum (x_i - w_i)^2$
	传递函数	逻辑函数 $sx = 1 \big/ (1 + \exp - x)$	高斯函数 $\varGamma x = \exp\left(-x^2 \big/ 2\sigma^2\right)$
	隐藏层数量	$\geqslant 1$	1
输出层	组合函数	内积 $\sum p_k x_k$	线性高斯组合 $\sum \lambda_k \varGamma_k$
	速度	在"模型应用"模式下更快	在"模式学习"模式下更快
	优势	更好的概括能力	非最优收敛的风险较小

6.2.3　Kohonen 网络

Kohonen 网络是使用最广泛的无监督学习网络,也可以将其称为自适应或自组织网络,因为它由输入的大数据"自行组织",其他同义词有"Kohonen 映射"和"自组织映射"。和任何其他神经网络一样,Kohonen 网络由多层单元和单元之间的连接组成,和上述神经网络的主要差别是没有待预测变量。

Kohonen 网络由输入层和输出层两个层次组成。输入层又称匹配层,计算输入模式向量与权向量之间的距离可得到匹配程度。输出层又称竞争层,各神经元以匹配程度为依据进行竞争,匹配程度大(距离小)的神经元获胜,获胜的神经元及其领域内的神经元权向量会朝向与模式向量更靠近的方向进行更新。经过多次反复的竞争和更新后,最终神经元就会学会模式向量,并以权向量的形式保存下来,这一自组织映射学习的过程可以识别环境特征并对模式向量进行自动聚类和识别。通过这种无监督竞争学习可以使不同的神经元对不同的输入模式敏感,从而特定的神经元在模式识别中可以充当某一输入模式的检测器。网络训练后神经元被划分为不同区域,各区域对输入模型具有不同的响应特征。

Kohonen 网络的目的是"学习"数据结构,以便区分其中的簇。简单的 Kohonen 网络如图 6.6 所示。Kohonen 网络由以下两个层次组成。

(1) 输入层,用于聚类分析的 n 个变量各有一个单元。

(2) 输出层,其单元排列通常为一个 $I \times m$(在某些情况下, I 和 m 不等于 n)的正方形或长方形(有时候是六边形)网格,每个单元都和输入层的 n 个单元相连,连接有某一权重 $p_{ijk}(i \in [1, I],\ j \in [1, m],\ k \in [1, n])$。

输入层的单元对应于聚合个体的变量,其单元状态是描述被聚合个体特性的变量值。这就是该层包含 n 个单元的原因,其中 n 是用于聚类的变量数量。输出单元所在的网格称为拓扑映射,这个网格的形状和大小通常是用户定义的,但是也可以在学习过程中改变。

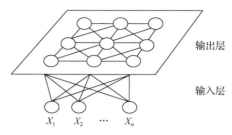

图 6.6 Kohonen 网络

每个输出单元(i, j)都和一个权重向量 $p_{ijk}(k \in [1, n])$关联，这个单元对个体 $x_k(k \in [1, n])$的响应定义为欧几里得距离。

$$d_{ij}(x) = \sum_{k=1}^{n} \left(x_k - p_{ijk} \right)^2$$

Kohonen 网络的具体学习方式如下。

首先，随机初始化权重 p_{ijk}，然后计算学习样本中每个个体(x_k)在输出层 $1 \times m$ 个单元中的响应度。选择出的用于表示 x_k 的单元是 $d_{ij}(x)$值最小的单元(i, j)，就可以称这个单元被激活。调整这个单元和所有邻近单元的权重，使它们更靠近输入的个体。

激活 Kohonen 网络单元的示例如图 6.7 所示。

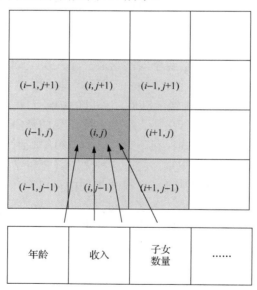

图 6.7 激活 Kohonen 网络单元的示例

在图 6.6 中，单元(i, j)的邻近单元有 8 个，分别为$(i-1, j+1)$、$(i, j+1)$、$(i-1, j+1)$、$(i-1, j)$、$(i+1, j)$、$(i-1, j-1)$、$(i, j-1)$和$(i+1, j-1)$。邻居的规模通常在学习中减小：开始时，邻居可能是整个网络；学习结束时，可能减小到单元自身，这些调整形成了网络参数的一部分。"优胜"(i, j)的邻居(I, J)的新权重用以下公式得出。

对于每个 $k \in [1, n]$，$P_{IJK} + \varnothing \cdot f(i, j : I, J) \cdot (x_k - P_{IJK})$

式中，$f(i, j : I, J)$ 是单元 (i, j) 和 (I, J) 之间距离的下降函数，$f(i, j : I, J) = 1$，它也可能是个高斯函数 $\exp(- {distance(i, j : I, J)^2} / {2\sigma^2})$；参数 $\varnothing \in [0, 1]$，表示学习速率，在多层感知器的学习中，该速率以线性或指数下降。

这是"优胜"单元的全部邻居权重调整的扩展，使 (i, j) 的邻近单元靠近输入的个体 (x_k)，并使变量空间中相互靠近的个体由该层中完全相同或邻近的单元表示，正如邻近的神经元对大脑整个过程的发生就像 Kohonen 网络是由橡胶制成的，这些橡胶变形以避开个体"云"，同皮层中附近的刺激做出的反应一样尽可能地靠近这些个体。与因子平面相反，这里所考虑的问题是非线性的。当学习样本中的所有个体都已经提交给网络，且所有权重都已经调整时，学习完成。

Kohonen 网络的主要特点如下。

(1) 对于每个个体，只有一个输出单元("胜者")被激活。

(2) 胜者及其邻居的权重被调整。

(3) 所做的调整是使两个靠近的输出单元对应于两个靠近的个体。

(4) 单元组(簇)在输出端形成。

6.3　学习规则

学习规则是指反复应用子神经网络以改善其性能的某种方法或数学逻辑。学习规则接受神经网络中现有的权重和偏差，然后比较预期和实际结果。根据这一比较，为节点指定修改后的权重和偏差。根据网络的复杂度，学习规则也可以解释为逻辑门、误差平方和或二次方程。

日本著名神经网络学者 Amari 于 1990 年提出了神经网络权值调整的通用规则，如图 6.8 所示。其中，神经元 j 是神经网络中的某个节点，其输入用向量 x 表示，该输入可以是来自网络的外部，也可以是来自其他神经元的输出。第 i 个输入与神经元 j 的连接权值用 w_{ij} 表示，连接到神经元 j 的全部权值构成了权向量 $\boldsymbol{w}_j$，其中 w_{0j} 为对应神经元的阈值，对应的输入分量 x_0 恒为 -1。$r = r(\boldsymbol{w}_j, \boldsymbol{x}, d_j)$ 代表学习信号 (regulation，学习规则)，该信号通常是 $\boldsymbol{w}_j$ 和 $\boldsymbol{x}$ 的函数，如果是监督学习则会有 d_j (desired，期望) 信号。

权向量的 $\boldsymbol{w}_j$ 在 t 时刻的调整量 $\Delta \boldsymbol{w}_j(t)$ 与 t 时刻的输入向量 $\boldsymbol{X}(t)$ 和学习信号 r 的乘积成正比，其数学表达式为

$$\Delta \boldsymbol{w}_j(t) = \eta r \left[\boldsymbol{w}_j(t), \boldsymbol{x}(t), d_j(t) \right] \boldsymbol{x}(t)$$

式中，η 为正数，称为学习常数，其值决定了学习的速率。下一时刻的权向量应为

$$\boldsymbol{w}_j(t+1) = \boldsymbol{w}_j(t) + \eta r \left[\boldsymbol{w}_j(t), \boldsymbol{x}(t), d_j(t) \right] \boldsymbol{x}(t)$$

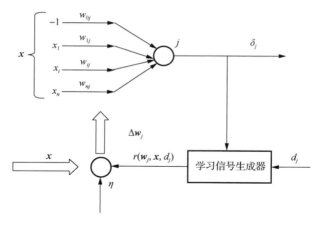

图 6.8　神经网络权值调整的通用规则

不同的学习规则对 $r = r(\boldsymbol{w}_j, \boldsymbol{x}, d_j)$ 有不同的意义，这也是形成不同的神经网络的原因。神经网络使用不同类型的学习规则，常用的学习规则主要包括 Hebb 学习规则、Perceptron 学习规则、σ 学习规则、LMS 学习规则、Correlation 学习规则和 Winner-Take-All 学习规则。

6.3.1　Hebb 学习规则

1949 年，心理学家 D. O. Hebb 最早提出了关于神经网络学习机理的"突触修正"的假设。Hebb 认为，神经网络的学习过程最终发生在神经元之间的突触部位，突触的连接强度随着突触前后神经元的活动而变化，变化的量与两个神经元的活性之和成正比。当神经元 i 与神经元 j 同时处于兴奋状态时，两者之间的连接强度增强。在 Hebb 学习规则中，学习信号等于神经元的输出。

$$r = f\left(\boldsymbol{w}_j^{\mathrm{T}} \boldsymbol{x}\right)$$

权向量的调整公式为

$$\Delta \boldsymbol{w}_j = \eta f\left(\boldsymbol{w}_j^{\mathrm{T}} \boldsymbol{x}\right) \boldsymbol{x}$$

权向量中，每个分量的调整由下式确定。

$$\Delta w_{ij} = \eta f\left(\boldsymbol{w}_j^{\mathrm{T}} \boldsymbol{x}\right) x_i = \eta o_j x_i \qquad i = 0, 1, 2, 3, \cdots, n$$

从上式可以看出，权值调整向量与输入输出乘积成正比，因此经常出现的输入模式对权向量影响很大，所以需要预先设置权饱和值，防止权值无限增长。

Hebb 学习规则也是一个无监督学习规则，其学习的结果是使网络能够提取训练集的统计特性，进而把输入信息按其相似程度划分为若干类。与人类观察和认识世界的过程极为相似，又由于这种学习规则只根据神经元连接间的激活水平改变权值，所以这种方法又被称为相关学习或并联学习。此外，Hebb 还发现，在同一时间被激发的神经元间的联系会被强化，倘若两个神经元总是不能同步激发，那么其之间的连接将会越来越弱。

6.3.2　Perceptron 学习规则

1958 年，美国学者 Frank Rosenblatt 首次提出感知器，感知器的学习规则也由此诞生。该规则规定，学习信号等于神经元期望输出与实际输出之差。

$$r = d_j - o_j$$

式中，d_j 为期望输出，$o_j = f\left(\boldsymbol{w}_j^{\mathrm{T}} \boldsymbol{x}\right)$ 为实际输出，感知器采用符号函数作为转移函数，其表达式为

$$f\left(\boldsymbol{w}_j^{\mathrm{T}} \boldsymbol{x}\right) = \mathrm{sgn}\left(\boldsymbol{w}_j^{\mathrm{T}} \boldsymbol{x}\right) = \begin{cases} 1 & \boldsymbol{w}_j^{\mathrm{T}} \boldsymbol{x} \geqslant 0 \\ -1 & \boldsymbol{w}_j^{\mathrm{T}} \boldsymbol{x} < 0 \end{cases}$$

因此权值调整公式为

$$\Delta w_j = \eta \left[d_j - \mathrm{sgn}\left(\boldsymbol{w}_j^{\mathrm{T}} \boldsymbol{x}\right) \right] \boldsymbol{x}$$

$$\Delta w_{ij} = \eta \left[d_j - \mathrm{sgn}\left(\boldsymbol{w}_j^{\mathrm{T}} \boldsymbol{x}\right) \right] x_i \quad i = 0, 1, 2, 3, \cdots, n$$

从上式可以看到，当实际输出值和期望值相同时权值不调整，反之调整。权值调整公式可化简为(感知器学习规则只适用于二进制神经元，初值可任取)

$$\Delta \boldsymbol{w}_j = \pm 2\eta \boldsymbol{x}$$

6.3.3　σ 学习规则

1986 年，认知心理学家 McClelland 和 Rumelhart 在神经网络训练中引入了 σ 规则，该规则称为连续感知器学习规则，与离散感知器类似，σ 规则的学习信号规定为

$$r = \left[d_j - f\left(\boldsymbol{w}_j^{\mathrm{T}} \boldsymbol{x}\right) \right] f'\left(\boldsymbol{w}_j^{\mathrm{T}} \boldsymbol{x}\right) = (d_j - o_j) f'\left(net_j\right)$$

式中，r 为学习信号；$f'\left(\boldsymbol{w}_j^{\mathrm{T}} \boldsymbol{x}\right)$ 是转移函数 $f\left(net_j\right)$ 的导数，显然 σ 规则要求激活函数可导。事实上，σ 规则可以通过输出值和期望值的最小平方误差推导出来。定义神经元输出值与期望值的最小平方误差为

$$E = \frac{1}{2}(d_j - o_j)^2 = \frac{1}{2}\left[d_j - f\left(\boldsymbol{w}_j^{\mathrm{T}} \boldsymbol{x}\right) \right]^2$$

式中，误差 E 是权向量 $\boldsymbol{w}_j$ 的函数，为了使 E 最小，$\boldsymbol{w}_j$ 应与误差的负梯度成正比，即

$$\Delta \boldsymbol{w}_j = -\eta \nabla E$$

式中，∇E 为梯度，$\nabla E = -(d_j - o_j) f'\left(\boldsymbol{w}_j^{\mathrm{T}} \boldsymbol{x}\right) \boldsymbol{x}$。

权值公式为

$$\Delta \boldsymbol{w}_j = \eta (d_j - o_j) f'\left(net_j\right) \boldsymbol{x}$$

由此可以看到，上式的中间项和 r 是相同的，因此它是根据梯度进行迭代更新的，BP 就是使用这个学习规则。

6.3.4 LMS 学习规则

1962 年，BernardWrow 和 Marcian Hoff 提出了 Widrow-Hoff 学习规则，因为它能使神经元实际输出与期望输出之间的平方差最小，所以又称最小均方(Least Mean Square，LMS)规则。其学习规则定义为

$$r = d_j - \boldsymbol{w}_j^{\mathrm{T}} \boldsymbol{x}$$

权向量的调整量为

$$\Delta \boldsymbol{w}_j = \eta \left(d_j - \boldsymbol{w}_j^{\mathrm{T}} \boldsymbol{x} \right) \boldsymbol{x}$$

$$\Delta w_{ij} = \eta \left(d_j - \boldsymbol{w}_j^{\mathrm{T}} \boldsymbol{x} \right) x_i \quad i = 0,1,2,3,\cdots,n$$

实际上，LMS 是 σ 学习规则的一种特殊情况，如果 $f\left(\boldsymbol{w}_j^{\mathrm{T}} \boldsymbol{x}\right) = \boldsymbol{w}_j^{\mathrm{T}} \boldsymbol{x}$，则 $f'\left(\boldsymbol{w}_j^{\mathrm{T}} \boldsymbol{x}\right) = 1$，此时 σ 学习规则就是 LMS 学习规则，该学习规则的好处是不需要对激活函数求导，学习速度快，精度较高。

6.3.5 Correlation 学习规则

Correlation(相关)学习规则规定学习信号为

$$r = d_j$$

权值调整公式为

$$\Delta \boldsymbol{w}_j = \eta d_j \boldsymbol{x}$$

$$\Delta w_{ij} = \eta d_j x_i \quad i = 0,1,2,3,\cdots,n$$

从上式可以看到，当实际输出值和期望值相同时，权值不调整，反之调整。权值调整公式可化简为

$$\Delta \boldsymbol{w}_j = \pm 2\eta \boldsymbol{x}$$

该规则表明，当 d_j 是 x_i 的期望输出时，相应的权值增量就是期望值和输入值的乘积。如果 Hebb 学习规则中的转移函数为二进制函数，且有 $o_j = d_i$，则 Correlation 学习规则可以看成是 Hebb 学习规则的一种特殊情况。

6.3.6 Winner-Take-All 学习规则

Winner-Take-All(胜者为王)学习规则是一种竞争关系的学习规则，用于无监督学习，一般将网络的某一层确定为竞争层，对于一个特定的输入 $\boldsymbol{x}$，竞争层 p 个神经元均有输出响应，其中响应值最大的神经元为在竞争中获胜的神经元，即

$$\boldsymbol{w}_j^{\mathrm{T}} \cdot \boldsymbol{x} = \max\left(\boldsymbol{w}_i^{\mathrm{T}} \boldsymbol{x}\right) \quad i = 1,2,3,\cdots,p$$

只有获胜的神经元才有权调整其向量 $\boldsymbol{W}_m$，调整量为

$$\Delta \boldsymbol{w}_j^* = j\alpha\left(\boldsymbol{x} - \boldsymbol{w}_j^*\right)$$

由于两个向量的点积越大，表明两者越相近，因此调整获胜神经元权值的结果是使

W_m 进一步接近当前输入 x，显然下次出现与 x 相似的输入模式时，上次获胜的神经元更容易获胜。在反复的竞争学习中，竞争层的各个神经元所对应的权向量被逐渐调整为输入样本空间的聚类中心。

6.4　神经网络训练算法

神经网络的学习是在研究群体的一个大数据样本上进行的，它使用样本中的个体调整单元之间连接的权重。在学习期间，比较输出单元交付的值与实际值，调整所有单元的权重 p_i 以改善大数据分析的效果，调整的机制取决于神经网络的类型。

6.4.1　梯度下降算法

梯度下降算法用于找出函数的局部最小值。这一算法按照函数负梯度的比例接近收敛于局部最小值。相反，为了找到局部最大值，则采用函数正梯度的比例，该过程被称为梯度上升。

为了便于理解，这里举一个简单的例子，如求函数 $f(x)=x^2$ 的最小值。利用梯度下降的方法解题步骤如下。

(1) 求梯度，$\triangle=2x$，$\triangle$ 表示梯度，即对 $f(x)$ 求关于 x 的一阶导数。

(2) 向梯度相反的方向移动 x，如 $x \leftarrow x-\gamma \triangle$，即将 $x-\gamma \triangle$ 赋值给 x，其中 γ 为步长，可以自己设置。如果步长足够小，则可以保证每一次迭代都在减小，但可能导致收敛太慢；如果步长太大，则不能保证每一次迭代都减小，也不能保证收敛。

(3) 循环迭代步骤(2)，直到 x 的值变化到使得 $f(x)$ 在两次迭代之间的差值足够小，如 0.00000001。也就是说，直到两次迭代计算出来的 $f(x)$ 基本没有变化，则说明此时 $f(x)$ 已经达到局部最小值了。

(4) 此时，输出 x，这个 x 就是使得函数 $f(x)$ 最小时的 x 的取值。

下面以多层感知器的一个常见特例解释梯度下降算法的运作方式。

如果网络中有 n 个链接，每个权重 n 元组 $(p_1, p_2, \cdots, p_n)$ 可以用一个 $n+1$ 维的空间表示，最后一维表示误差函数 c 值集 $(p_1, p_2, \cdots, p_n, \varepsilon)$ 是 $n+1$ 维空间中的一个"平面"(或超平面)，称为误差平面。为了最小化误差函数而对权重进行的调整可视为以找出误差平面之上最小点为目标的移动。

在线性模型中，误差平面是定义明确、呈抛物线形状的著名数学对象，最小点可以通过计算找到。神经网络与线性模型不同，它是复杂的非线性模型。误差平面是不规则的，其中峰谷交错，在没有地图可用的情况下，要找出这一平面上的最小点，必须进一步展开探索。

在梯度下降算法中，沿着斜率最大的直线在误差平面上移动，这条直线提供了到达最低点的可能性。然后，必须算出沿着这个斜坡向下的最优速度。如果下降过快，可能越过最小点或向错误的方向进发；如果下降过慢，需要进行的迭代太多，因而无法找到解。正确的速度与平面的斜率和另一个重要参数——学习速率成正比。学习速率的范围为 0~1，

其决定了学习中修改权重的程度。改变这一速率是很有用的，在开始时设定较高的学习速率(0.7～0.9)以快速探索误差平面，很快逼近最优解(平面的最小值)，然后在学习结束时降低学习速率以尽可能靠近最优解。

6.4.2 演化算法

演化算法是基于生物学的自然选择或适者生存的概念演进而来的。自然选择的概念是对给定的群体施加环境压力，导致群体中最适应的个体崛起。

为了计量给定群体中的最适应者，可以应用一个函数作为抽象计量。根据最适应的条件，通过重组或突变(或两者兼有)选择更好的候选者作为下一代的基础。在演化算法的环境中，重组被称为算符，应用到称为双亲的一个或多个候选者上，生成多个新候选者(称为子女)中的一个。突变应用于单个候选者，生成一个新的候选者。通过重组和突变的应用，可以根据最适应计量，得到一组新候选者，放入下一代中。

演化算法的两个基本要素如下。

(1) 变异算符(重组和突变)。

(2) 选择过程(选择最适应者)。

演化算法的共同特征如下。

(1) 演化算法基于群体。

(2) 演化算法使用重组混合群体中的候选者，创建新的候选者。

(3) 演化算法基于随机选择。

演化算法的一般形式如图 6.9 所示。

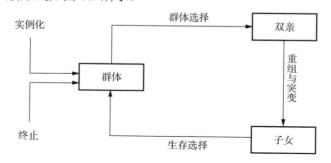

图 6.9　演化算法的一般形式

下面列出一些常见的演化算法。

(1) 遗传算法。遗传算法在自然进化过程(如突变、重组、杂交和继承)帮助下，提供优化问题的解。

(2) 遗传编程。遗传编程以计算机程序的形式提供解，程序的精度由其解决计算问题的能力计量。

(3) 进化编程。进化编程用于受激环境中的学习过程，以开发人工智能。

(4) 进化策略。进化策略是一种以生物科学中的适应和进化概念为基础的优化算法。

(5) 神经演化算法。神经演化算法用于训练神经网络。通过规定结构和连接权重，使用基因组开发神经网络。

下面就演化算法中的进化策略举一简单例子以便于理解。

假设草原上有一群斑马，这群斑马里面，有些斑马跑得比较快，有些跑得比较慢，狮子每次捕猎能抓到跑得慢的斑马。那么，经过一代代繁衍，留下的大部分斑马都是跑得比较快的。进化策略就是基于这种优胜劣汰、适者生存的套路，通过模拟一个种群的进化过程，逐步优化参数，最终使得目标函数达到最优。

设目标函数 max=sin(10x)x+cos(2x)x，x∈[0, 5]，则整个逻辑过程可以表述如下。

(1) 创建一个种群，种群中有 100 个个体(数量自定义)，每个个体有 10 个长度的基因，基因可用 0 和 1 进行编码。

(2) 将种群中每个个体的基因由二进制数翻译成十进制数，代入目标函数，得到的值作为个体的适应度。

(3) 随机保留适应度高的个体，随机去除适应度低的个体，实现优胜劣汰。

(4) 种群经过自然选择后，每个个体都随机与一个个体进行配对，生成孩子，孩子分别从父母那里获取一半的基因。

(5) 生成的孩子进行随机突变。

(6) 将生成的子代作为新一代种群。

(7) 重复步骤(2)～(6)的过程 100 次(繁衍 100 代)。

以上的例子说明了演化算法的基本内涵，而在演化算法中，遗传算法是最常用的。因此，下面将介绍遗传算法的相关知识。

6.4.3　遗传算法

根据进化理论，可以在同一物种的个体中看到广泛的变异，具有最适应环境特性的个体最有可能持续繁衍，自然选择法则使它们可以将遗传因子传递给后代。

类似地，John Holland 小组在 20 世纪 70 年代初开发的遗传算法可以选择最适合解决某个问题(预测或分类)的规则，以便将其"遗传物质"(变量和类别)传递给"孩子"。在此，规则指的是一组变量类别。例如，"年龄在 36～50 岁，资产少于 20000 美元，月收入高于 2000 美元的客户"规则等同于决策树中的一个分支，在这种情况下，它可以类比为一个基因，可以将基因作为细胞中控制生物体遗传其双亲特征形式的单元。因此，遗传算法的目标是重现自然选择的机制，选择最适合预测或分类的规则，通过杂交和突变，直到得到有足够预测能力的模型。

遗传算法的执行步骤如图 6.10 所示。

图 6.10　遗传算法的执行步骤

1. 随机生成初始规则

生成初始规则时，唯一的约束是它们必须各不相同。每条规则包含用户选择的任意个

变量，假定变量如下。

(1) 年龄(类别:[18, 35], [36, 50], [51, 65], >65)。

(2) 以千美元为单位的资产(类别:<10, [10, 20], [20, 60], >60)。

(3) 以千美元为单位的月收入(类别:<1, [1, 2], [2, 4], >4)。

初始规则可以是：年龄属于[35, 60]类别，月收入属于[2, 4]类别。

2. 选择最佳规则

规则由适应度函数进行客观评估，指导向最佳规则进化。如果预测的是某个产品的购买，希望评估之前的规则可以对年龄在 36～50 岁、月收入在 2 千～4 千美元的客户进行调查，了解购买该产品的客户比例，这个百分比就是适应度函数。

最佳规则就是使适应度函数最大化的规则。这些规则将被保留，其概率随着规则的改善而增加，补充条件是必须有某个最小数量的个体满足被保留规则。如果使用决策树，也可以说被选中的叶子是具有最大纯度且频率高于某个固定值的叶子。有些规则将消失，而其他规则将被选择多次。和自然界发生的不同，不同代次被选中的规则数量相同，所以群体不会消失。

3. 生成新规则

被选中的规则将被随机突变或杂交。突变是用另一个变量或分类代替原始规则中的变量或分类。突变类似于替代树中的一个节点。例如，如果对第 n 代使用以下规则。

年龄∈[36, 50]，月收入∈[2, 4]。

突变可能在第 $n+1$ 代产生以下"子"规则。

年龄∈[36, 50]，资产∈[10, 20]。

两条规则(相互之间必须截然不同)的杂交是交换某些变量或类别，产生两条新的规则，杂交可以类比为交换两棵子树的位置。例如，如果在第 n 代使用以下规则。

(1) 年龄>85 且资产>60。

(2) 年龄∈[18, 35]且资产∈[10, 20]，月收入∈[2, 4]。

杂交可能在第 $n+1$ 代产生以下"子"规则。

(1) 资产>60 且月收入∈[2, 4]。

(2) 资产∈[10, 20]且月收入∈[2, 4]，年龄>65。

在自然界中，杂交比突变更常见，后者是偶然发生的，而且自然发生的突变通常产生负面而非正面结果。但是在遗传算法中，即使突变不增加适应度函数的值，在每一代进行一次突变也是更好的做法。这样有可能重新引入偶然消失的有用条件，避免算法过早地收敛于局部最优解，保留用于评估的"子"规则是那些不同于"父"规则、各自不同且有某一最小个体数量满足的规则。在评估之后，一些"子"规则被保留下来，成为新的"父"规则，算法继续。

遗传算法在以下两个条件之一满足时结束。

(1) 达到预先指定的迭代次数。

(2) 从第 n 代开始，n、$n-1$ 和 $n-2$ 代的规则完全相同。

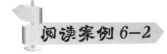

人工神经网络的未来前景

展望前沿技术探索，未来 3～5 年最有可能出现突破的就是半监督的学习方法。现在深度卷积神经网络很好，但是它有缺点，即依赖于带标签的完备大数据，没有大数据"喂食"就不可能达到人类水平。但是要获得完备的大数据，需要付出的资源代价太大，很多应用场景甚至得不到，如把全世界的火车照片都搜集起来，这是不可能的事。

科学家希望能够做一些小数据、小样本的半监督学习，虽然训练数据不大，但是也能够达到人类水平。科学家做过很多实验，人为地去掉一半甚至去掉 1/4 的标签数据去训练深度卷积神经网络，希望网络能够具有举一反三的能力，通过小样本或小数据的学习同样能够达到人类水平。这方面的研究不管是利用生成式对抗网络，还是与传统统计机器学习方法相结合，或者是与认知计算方法的结合，证明难度都很大。

例如，当一个人看到一张中华田园犬的照片，虽然他从来没见过藏獒、宠物狗，但通过举一反三就能够识别出来。这靠什么？靠推理。人类不完全是基于特征提取，还靠知识推理获得更强的泛化能力。而现在的深度卷积神经网络是靠多级多层的特征提取，如果特征提取不好，识别结果就不好，就达不到人类水平。

总之，特征提取要好就必须要有完备的大数据。但不管怎样，相信具有"特征提取+知识推理"的半监督或无监督的深度卷积神经网络将在 3～5 年会有突破，而且还是基于端到端学习的，其中也会融入先验知识或模型。

相对而言，通用人工智能的突破可能需要的时间更长，3～5 年能不能突破还是未知，但是意义非常重大。在半监督、无监督深度学习方法突破之后，很多行业应用包括人工智能场景的研发都会快速推进。实际应用时一般都通过数据迭代、算法迭代向前推进。

从这个角度来说，AlphaGo 中体现的深度强化学习代表着更大的希望。因为它也是基于深度卷积神经网络的，包括以前用的 13 层网络，现在用的 40 层卷积神经网络，替代了以前的浅层全连接网络，带来的性能提升是很显著的。为什么深度强化学习更有意义？首先它有决策能力，决策属于认知，这已经不仅仅是感知智能了。

其次，AlphaGo 依赖的仅仅是小数据的监督学习。3000 万的 6～9 段人类职业棋手的棋局，对人类来说已经是大数据了，但对围棋本身的搜索空间来讲则是一个小数据。不管柯洁还是聂卫平，都无法记住 3000 万个棋局，但 19×19 的棋盘格上，因每个交叉点存在黑子、白子或无子 3 种情况，其组合数或搜索空间之巨大，超乎想象。

对具有如此复杂度的棋局变化，人类的 3000 万个已知棋局真的就是一个小数据，AlphaGo 首先通过深度监督学习方法，学习人类的 3000 万个棋局作为基础，相当于站在巨人的肩膀上，然后再利用深度强化学习，通过自我对弈、左右互搏搜索更大的棋局空间，是人类 3000 万棋局之外的棋局空间，这就使 AlphaGo 2.0 下出了很多我们从未见过的棋局。

总体来说，深度强化学习有两大好处。第一，它寻找最优策略函数，给出的是决策，跟认知联系起来。第二，它不依赖于大数据，使用的是前面说的小数据半监督学习方法。因为在认知层面上进行探索，而且不完全依赖于大数据，所以意义重大，魅力无穷。相信深度强化学习非常有潜力继续向前发展，将大大扩展其垂直应用领域。但是它本身并不是一个通用人工智能。

AlphaGo 目前只能下围棋，不能同时下中国象棋、国际象棋，因此还只是专注于一个"点"上，仍属于弱人工智能。要实现通用人工智能，就要把垂直细分领域变宽或实现多任务而不是单任务学习。对深度神经网络而言，沿什么样的技术途径往前走现在还未知，但是肯定要与基于学习的符号主义结合起来。

通用人工智能现在没有找到很好的途径往前走，其原因一是因为神经网络本身是黑箱式的，内部表达不可解析，二是因为传统的卷积神经网络本身不能完成多任务学习。

因此，可以考虑跟知识图谱、知识推理等符号主义的方法结合，但必须是在新的起点上，即在已有大数据感知智能的基础上，利用更高粒度的自主学习而非以往的规则设计来进行。另外从神经科学的角度去做也是可能的途径之一。

（资料来源：https://www.zhihu.com/question/302324788/answer/534505383.[2021-9-13]）

本 章 小 结

本章首先简介了人工神经网络的概念、结构及其在大数据环境中的应用。然后介绍了常见的人工神经网络模型，包括 MLP、RBFNN 和 Kohonen 网络，并对比了 MLP 和 RBFNN 的特点。接着概述了人工神经网络中包括 Hebb、Perceptron、σ、LMS、Correlation 和 Winner-Take-All 在内的 6 种学习规则及其公式演算过程。最后简单介绍了 3 种常见的神经网络训练算法。

【关键术语】

(1) 人工神经网络　　(2) 多层感知器　　(3) 径向基函数神经网络
(4) Kohonen 网络　　(5) 学习规则　　(6) 有监督学习

习　题

1. 选择题

(1) 身体的(　　)部分与神经网络的架构类似。

　A. 视网膜　　　B. 大脑　　　C. 骨骼　　　D. 肌肉群

(2) 最简单的神经网络由(　　)构成。

　A. 输入层　　　B. 输出层　　　C. 隐藏层　　　D. 输入层和输出层

(3) 考虑以下神经网络：输入层为 36 个单元，中间层为 18 个单元，输出层为 108 个单元。假定这个网络设计用于图像压缩，下面(　　)表示该网络的压缩比值。

  A．1/2   B．1   C．2   D．3

  (4) 为了提高神经网络的精度，可以在输入层和输出层之间增加一个隐藏层，隐藏层应该(　　)。

  A．小于输入层，大于输出层   B．大于输入层，小于输出层

  C．小于输入层和输出层   D．大于输入层和输出层

  (5) 关于 RBFNN 模型，说法正确的是(　　)。

  A．RBFNN 是有监督学习网络   B．RBFNN 是无监督学习网络

  C．RBFNN 不包含隐藏层   D．RBFNN 在输出时组成单元簇

  (6) 下面的神经网络中，(　　)隐藏层的数量可能超过一个。

  A．RBFNN   B．Kohonen 网络

  C．MLP   D．RBFNN 和 Kohonen 网络

2．判断题

(1) 预测性神经网络为无监督学习网络，描述性神经网络为有监督学习网络。 (　　)

(2) 神经网络结构中都包括隐藏层。 (　　)

(3) 神经网络的预测能力随着隐藏层和层中单元数量的增加而增加。 (　　)

(4) MLP 和 RBF 函数是输出层有一个或多个因变量的无监督学习网络。 (　　)

(5) 学习规则是反复应用子神经网络以改善其性能的方法或数学逻辑。 (　　)

(6) 当神经元 i 与 j 均处于兴奋状态时，两者之间的连接强度应减弱。 (　　)

3．简答题

(1) 神经网络在大数据中的常见应用有哪些？

(2) 常见的神经网络模型有哪几种？

(3) 神经网络中的一个单元由哪些层次构成？

(4) 简述神经网络中隐藏层的重要性。

(5) 简述 MLP 和 RBFNN 的区别与联系。

(6) 常见的神经网络训练算法有哪些？

第7章
大数据分析工具

 本章教学要点

知识要点	掌握程度	相关知识
数据透视表简介	熟悉	创建数据透视表
数据透视表分析	掌握	切片器的使用
Python 简介	了解	Python 的安装、设置及常见的 Python 库
Python 在大数据分析中的应用	熟悉	分组因子暴露、十分位及四分位分析
Tableau 的系列产品	了解	Tableau 的 5 个产品
Tableau 的应用优势	熟悉	Tableau 主要的 4 个应用优势
Tableau 的应用实例	了解	Tableau 在网站内容评估中的应用

重要知识点图谱

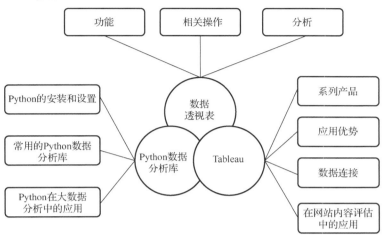

亚马逊的"信息公司"

如果问全球有哪几家公司从大数据中发掘出了巨大价值，答案中一定有亚马逊。

作为一家"信息公司"，亚马逊不仅从每个用户的购买行为中获得信息，还将每个用户在其网站上的所有行为都记录下来，如页面停留时间、用户是否查看评论、每个搜索的关键词、浏览的商品等。这种对数据价值的高度敏感和重视，以及强大的挖掘能力，使得亚马逊远远超出了它的传统运营方式。

亚马逊的首席技术官 Werner Vogels 在 CeBIT 上关于大数据的演讲，向与会者描述了亚马逊在大数据时代的商业蓝图。长期以来，亚马逊一直通过大数据分析，尝试定位客户和获取客户反馈。

"在此过程中，你会发现数据越大，结果越好。为什么有的企业在商业上不断犯错？那是因为它们没有足够的数据对运营和决策提供支持。"Vogels 说，"一旦进入大数据的世界，企业的手中将握有无限可能。"

从支撑新兴技术企业的基础设施到消费内容的移动设备，亚马逊的触角已触及更为广阔的领域。

(1) 亚马逊推荐。亚马逊的各个业务环节都离不开"数据驱动"的身影。在亚马逊上买过东西的人可能对它的推荐功能都很熟悉，"买过 X 商品的人，也同时买过 Y 商品"的推荐功能看上去很简单，却非常有效，这些精准推荐结果的得出过程非常复杂。

(2) 亚马逊预测。用户需求预测是通过历史数据来预测用户未来的需求。对于书、手机、家电这些产品，在亚马逊内部叫硬需求的产品，其预测是比较准的，甚至可以预测到相关产品属性的需求。但是对于服装这样的软需求产品，亚马逊干了十多年都没有办法预测得很好，因为这类东西受到的干扰因素太多了，如用户对颜色款式的喜好、穿上去合不合身、爱人或朋友喜不喜欢等，这类因素太易变，初期买的人多后期反而会卖不好，所以需要更为复杂的预测模型。

(3) 亚马逊测试。你会认为亚马逊网站上的某段文字只是碰巧出现的吗?其实，亚马逊会在网站上持续不断地测试新的设计方案，从而找出转化率最高的方案。整个网站的布局、字体大小、颜色、按钮及其他所有的设计，其实都是在多次审慎测试后的最优结果。

(4) 亚马逊记录。亚马逊的移动应用让用户有一个流畅的随时随地都能体验的同时，也通过收集手机上的数据深入地了解每个用户的喜好信息。更值得一提的是，亚马逊推出的一款平板电脑 Kindle Fire 中内嵌的 Silk 浏览器可以将用户的行为数据一一记录下来。

以数据为导向的方法并不仅限于以上领域，亚马逊的企业文化就是冷冰冰的数据导向型文化。对于亚马逊来说，大数据意味着大销售量。数据显示出什么是有效的、什么是无效的，新的商业投资项目必须要有数据的支撑。对数据的长期专注让亚马逊能够以更低的售价提供更好的服务。

(资料来源:https://pan.baidu.com/union/smartProgramShare?type=0&appKey=oFx3nbdDN6GWF3Vb0Wh7EDBMBxRTTcfe&path=/zhihu/answer?id=662515113&isShared=1&version=10.1.72.[2021-9-13])

随着信息科学和技术的发展，企业要想保持竞争优势，就必须做到数据驱动。在大数据分析的过程中发现关于制定战略规划、业务彼此之间的关联性和其他有价值的决策信息，这样才可以帮助企业更好地适应环境的变化，做出更科学的决策。常用的大数据分析工具有数据透视表、Python 数据分析库及 Tableau 等。

7.1　数据透视表

数据透视表是一种交互式报表，应用数据透视表可以快速对大数据进行分类和汇总分析，通过字段的拖动可以即时得到用户想要查看的统计结果，其应用场景非常广泛，并且由于操作简单，得到了许多大数据分析用户的青睐。

7.1.1　数据透视表的功能

在数据透视表中，可以动态地改变它的版面布局，以便按照不同方式分析数据，也可以重新安排行号、列标和页字段。每一次改变版面布局时，数据透视表会按照新的布局重新计算数据。另外，如果原始数据发生更改，那么可以更新数据透视表。

如果数据量异常庞大，也可以选择部分目标数据快速创建数据透视表，只需经过简单的几步操作即可得到需要的统计结果。数据透视表有机地综合了数据的排序、筛选、分类汇总等数据分析的优点，并具有动态性。因此数据透视表是大数据分析过程中必不可少的一个重要工具。

数据透视表主要包括以下功能。

(1) 可以对庞大的数据库进行多条件统计。

(2) 把字段移动到不同位置上，可以迅速得到新的数据，满足不同的分析要求。

(3) 可以找出数据表中某一字段的一系列相关数据。

(4) 得到的统计数据与原始数据能保持实时更新。

(5) 能通过分析得到数据内部的各种关系。

(6) 可以使统计数据以图的形式表现出来，并且可以筛选控制哪些值能用图表来表示。

(7) 能将统计结果以报表的形式打印。

7.1.2 数据透视表的相关操作

建立数据透视表对大数据进行分析，首先需要准备好相关的数据。一般情况下是先将源数据表打开，然后再进行创建的操作。下面介绍创建数据透视表相关的操作。

1. 创建数据透视表

在 Excel 软件中创建数据透视表的步骤如下。

(1) 打开 Excel 工作表，选择“插入”选项卡，单击“数据透视表”按钮，如图 7.1 所示。弹出“创建数据透视表”对话框。

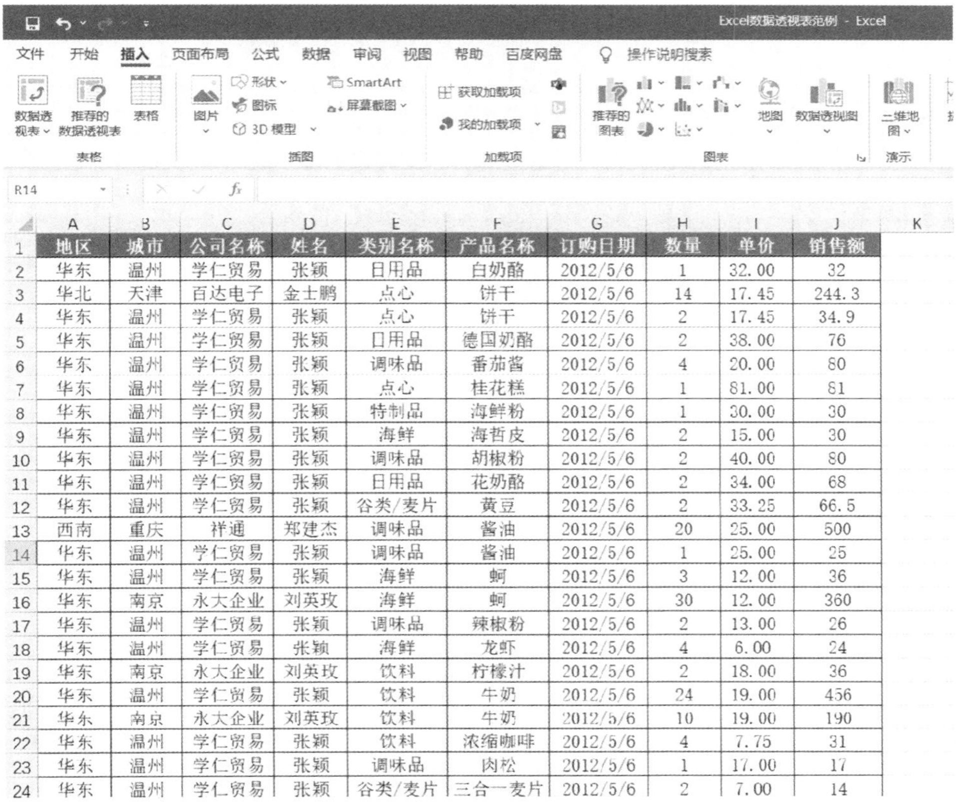

	A	B	C	D	E	F	G	H	I	J
1	地区	城市	公司名称	姓名	类别名称	产品名称	订购日期	数量	单价	销售额
2	华东	温州	学仁贸易	张颖	日用品	白奶酪	2012/5/6	1	32.00	32
3	华北	天津	百达电子	金士鹏	点心	饼干	2012/5/6	14	17.45	244.3
4	华东	温州	学仁贸易	张颖	点心	饼干	2012/5/6	2	17.45	34.9
5	华东	温州	学仁贸易	张颖	日用品	德国奶酪	2012/5/6	2	38.00	76
6	华东	温州	学仁贸易	张颖	调味品	番茄酱	2012/5/6	4	20.00	80
7	华东	温州	学仁贸易	张颖	点心	桂花糕	2012/5/6	1	81.00	81
8	华东	温州	学仁贸易	张颖	特制品	海鲜粉	2012/5/6	1	30.00	30
9	华东	温州	学仁贸易	张颖	海鲜	海哲皮	2012/5/6	2	15.00	30
10	华东	温州	学仁贸易	张颖	调味品	胡椒粉	2012/5/6	2	40.00	80
11	华东	温州	学仁贸易	张颖	日用品	花奶酪	2012/5/6	2	34.00	68
12	华东	温州	学仁贸易	张颖	谷类/麦片	黄豆	2012/5/6	2	33.25	66.5
13	西南	重庆	祥通	郑建杰	调味品	酱油	2012/5/6	20	25.00	500
14	华东	温州	学仁贸易	张颖	调味品	酱油	2012/5/6	1	25.00	25
15	华东	温州	学仁贸易	张颖	海鲜	蚵	2012/5/6	3	12.00	36
16	华东	南京	永大企业	刘英玫	海鲜	蚵	2012/5/6	30	12.00	360
17	华东	温州	学仁贸易	张颖	调味品	辣椒粉	2012/5/6	2	13.00	26
18	华东	温州	学仁贸易	张颖	海鲜	龙虾	2012/5/6	4	6.00	24
19	华东	南京	永大企业	刘英玫	饮料	柠檬汁	2012/5/6	2	18.00	36
20	华东	温州	学仁贸易	张颖	饮料	牛奶	2012/5/6	24	19.00	456
21	华东	南京	永大企业	刘英玫	饮料	牛奶	2012/5/6	10	19.00	190
22	华东	温州	学仁贸易	张颖	饮料	浓缩咖啡	2012/5/6	4	7.75	31
23	华东	温州	学仁贸易	张颖	调味品	肉松	2012/5/6	1	17.00	17
24	华东	温州	学仁贸易	张颖	谷类/麦片	三合一麦片	2012/5/6	2	7.00	14

图 7.1　打开工作表

（2）默认选中"选择一个表或区域"单选按钮，在"表/区域"文本框中显示了当前要建立为数据透视表的数据源，如图7.2所示。

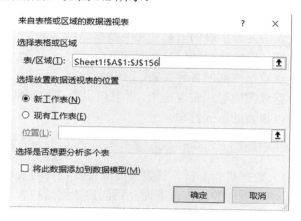

图7.2　创建数据透视表

（3）其他保持默认设置，单击"确定"按钮，即可创建一个空白的数据透视表，添加字段后即可对数据进行分析，如图7.3所示。

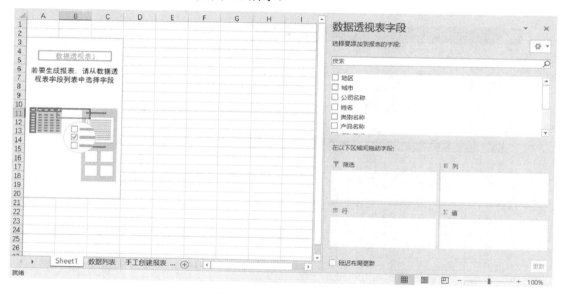

图7.3　空白数据透视表

2. 根据分析目的设置字段

当使用数据源建立数据透视表后，默认只是一个框架，可以看到当前数据透视表中的所有字段，但并没有统计结果。如果想得到统计结果，则需要进行字段的设置，步骤如下。

（1）打开数据透视表，在字段列表中选择需要使用的字段。本例选择"地区"字段，然后单击鼠标右键，选择"添加到行标签"命令，如图7.4所示。这样"地区"字段被添加到"行标签"区域，如图7.5所示。

图 7.4　数据透视表字段　　　　　　　　　　　　图 7.5　行标签

(2) 按相同的方法，将"城市"字段添加到"行标签"区域，得到的结果如图 7.6 所示，再将"数量"字段添加到"∑值"区域。

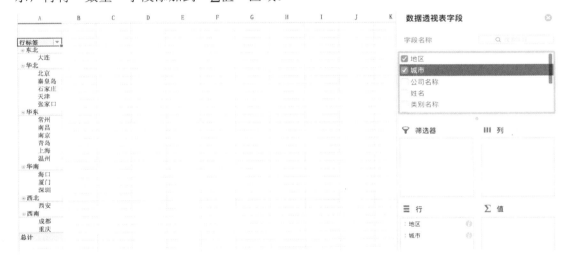

图 7.6　添加字段

3. 创建动态数据透视表

在日常工作中，除了使用固定的数据创建数据透视表进行分析外，很多情况下数据源表格是实时变化的，如销售数据表需要不断地添加新的销售记录，这样在创建数据透视表后，如果想得到最新的统计结果，每次都要手动重设数据透视表的数据源，操作效率不高。这种情况下就可以创建动态数据透视表，步骤如下。

(1) 选中工作表中任意单元格，在"插入"选项卡中单击"表格"按钮，如图 7.7 所示。

(2) 弹出"创建表"对话框，"表数据的来源"文本框中默认显示为当前工作表的数据单元格区域，如图 7.8 所示。单击"确定"按钮完成表的创建，默认名称为"表 1"。

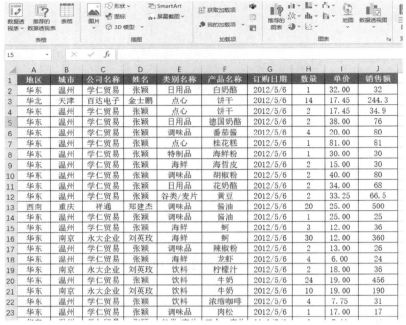

图 7.7　插入表格

图 7.8　创建表

(3) 在"插入"选项卡中单击"数据透视表"按钮，弹出"创建数据透视表"对话框，可以看到"表/区域"文本框中显示"表1"，如图 7.9 所示。

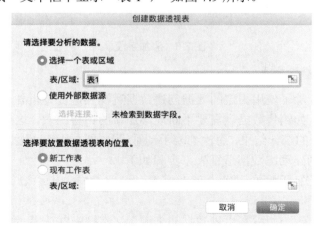

图 7.9　创建数据透视表

(4) 单击"确定"按钮，即可以用"表1"这个名称来创建数据透视表。

实际上"表1"这个名称是在执行步骤(1)和(2)时生成的一个动态名称，它的引用位置是当前表格中的所有数据区域。如果向数据源中填入了新的数据，就可以看到"表1"这个名称的应用位置也自动发生了变化。因此，以"表1"这个名称建立数据透视表，当添加数据位置时，这个名称的引用位置自动发生变化，因此可以得到动态统计的数据透视表。

4. 将数据透视表转换为普通表格

可以将数据透视表转换为普通表格，从而更方便地用到其他位置中，步骤如下。

(1) 选择整张数据透视表，按 Ctrl+C 组合键复制，如图 7.10 所示。

(2) 定位光标到目标位置，按 Ctrl+V 组合键粘贴，单击"粘贴选项"按钮，从下拉列表中选择"值和数字格式"命令，如图 7.11 所示。

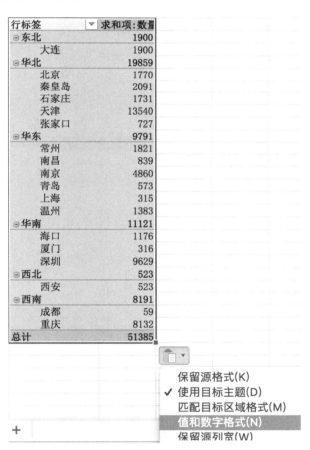

行标签	求和项:数量
⊟东北	1900
大连	1900
⊟华北	19859
北京	1770
秦皇岛	2091
石家庄	1731
天津	13540
张家口	727
⊟华东	9791
常州	1821
南昌	839
南京	4860
青岛	573
上海	315
温州	1383
⊟华南	11121
海口	1176
厦门	316
深圳	9629
⊟西北	523
西安	523
⊟西南	8191
成都	59
重庆	8132
总计	51385

图 7.10　复制数据透视表　　　　　　图 7.11　粘贴选项

保留源格式(K)
✓ 使用目标主题(D)
匹配目标区域格式(M)
值和数字格式(N)
保留源列宽(W)

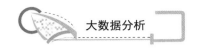

行标签	求和项:数量
东北	1900
大连	1900
华北	19859
北京	1770
秦皇岛	2091
石家庄	1731
天津	13540
张家口	727
华东	9791
常州	1821
南昌	839
南京	4860
青岛	573
上海	315
温州	1383
华南	11121
海口	1176
厦门	316
深圳	9629
西北	523
西安	523
西南	8191
成都	59
重庆	8132
总计	51385

图 7.12　转换为普通表格

(3) 执行上述操作后，即可将数据透视表转换为普通表格，如图 7.12 所示。

7.1.3 数据透视表分析

建立数据透视表以后，就可以对数据透视表进行分析了，如对数据透视表内容进行排序和筛选、添加切片器进行灵活筛选等。切片器是 Excel 2010 版本之后新增加的功能。它是一个动态的筛选工具，当添加切片器后，可以通过选择相应的选项对数据进行灵活地筛选，从而能够方便和有选择地查看统计结果。对于数据透视表中的排序及筛选操作，与普通表格操作相类似，在此不再赘述，本节将重点介绍切片器的使用步骤。

(1) 打开数据透视表，在“数据透视表分析”选项卡中单击“插入切片器”按钮，如图 7.13 所示。

(2) 弹出“插入切片器”对话框，分别选中“城市”“销售额”复选框，如图 7.14 所示。

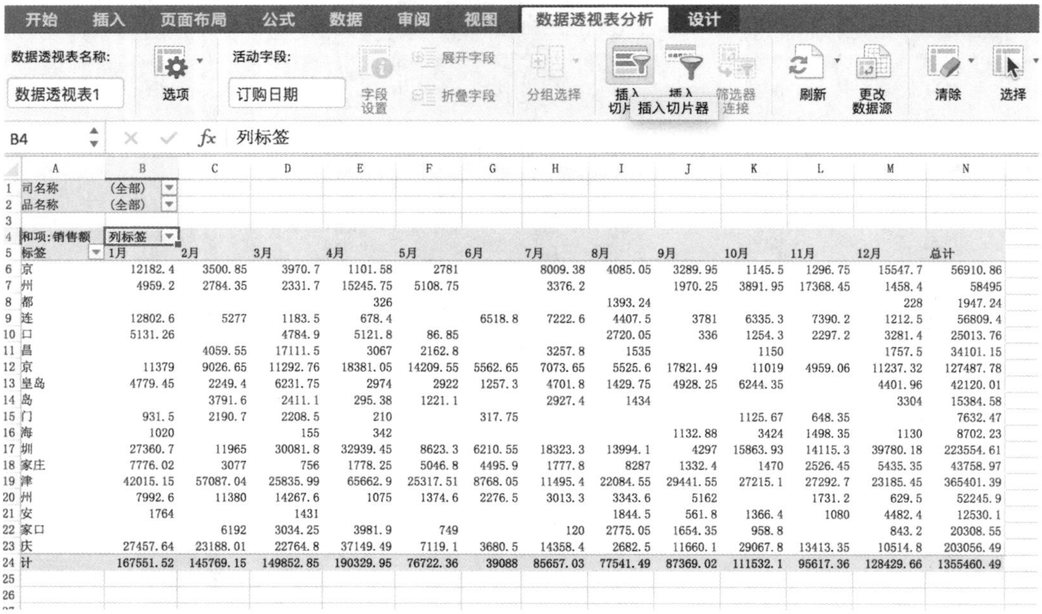

	A	B	C	D	E	F	G	H	I	J	K	L	M	N
1	司名称	(全部)												
2	品名称	(全部)												
3														
4	和项:销售额	列标签												
5	标签	1月	2月	3月	4月	5月	6月	7月	8月	9月	10月	11月	12月	总计
6	京	12182.4	3500.85	3970.7	1101.58	2781		8009.38	4085.05	3289.95	1145.5	1296.75	15547.7	56910.86
7	州	4959.2	2784.35	2331.7	15245.75	5108.75		3376.2		1970.25	3891.95	17368.45	1458.4	58495
8	都				326				1393.24				228	1947.24
9	连	12802.6	5277	1183.5	678.4		6518.8	7222.6	4407.5	3781	6335.3	7390.2	1212.5	56809.4
10	口	5131.26		4784.9	5121.8	86.85			2720.05	336	1254.3	2297.2	3281.4	25013.76
11	昌		4059.55	17111.5	3067	2162.8		3257.8	1535		1150		1757.5	34101.15
12	京	11379	9026.65	11292.76	18381.05	14209.55	5562.65	7073.65	5525.6	17821.49	11019	4959.06	11237.32	127487.78
13	皇岛	4779.45	2249.4	6231.75	2974	2922	1257.3	4701.8	1429.75	4928.25	6244.35		4401.96	42120.01
14	岛		3791.6	2411.1	295.38	1221.1		2927.4	1434				3304	15384.58
15	门	931.5	2190.7	2208.5	210		317.75				1125.67	648.35		7632.47
16	海	1020		155	342					1132.88	3424	1498.35	1130	8702.23
17	圳	27360.7	11965	30081.8	32939.45	8623.3	6210.55	18323.3	13994.1	4297	15863.93	14115.3	39780.18	223554.61
18	家庄	7776.02	3077	756	1778.25	5046.8	4495.9	1777.8	8287	1332.4	1470	2526.45	5435.35	43758.97
19	津	42015.15	57087.04	25835.99	65662.9	25317.51	8768.05	11495.4	22084.55	29441.55	27215.1	27292.7	23185.45	365401.39
20	州	7992.6	11380	14267.6	1075	1374.6	2276.5	3013.3	3343.6	5162		1731.2	629.5	52245.9
21	安	1764		1431					1844.5	561.8	1366.4	1080	4482.4	12530.1
22	家口		6192	3034.25	3981.9	749		120	2775.05	1654.35	958.8		843.2	20308.55
23	庆	27457.64	23188.01	22764.8	37149.49	7119.1	3680.5	14358.4	2682.5	11660.1	29067.8	13413.35	10514.8	203056.49
24	计	167551.52	145769.15	149852.85	190329.95	76722.36	39088	85657.03	77541.49	87369.02	111532.1	95617.36	128429.66	1355460.49
25														
26														

图 7.13　插入切片器

图 7.14　选择字段

(3) 单击"确定"按钮，即可在数据透视表中添加两个切片器，如图 7.15 所示。

图 7.15　生成切片器

(4) 在"城市"切片器中单击某个城市，即可看到相应的筛选结果，如图 7.16 所示。

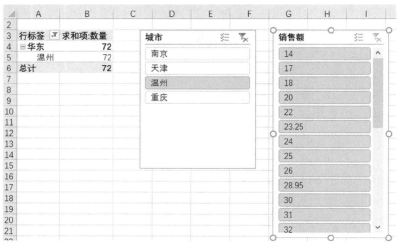

图 7.16　使用切片器筛选结果

7.2　Python 数据分析库

Python 自 1991 年诞生以来，现在已经成为广受欢迎的动态编程语言之一，其他还有 Perl、Ruby 等。由于其拥有大量的 Web 框架(如 Rails 和 Django)，因此常被用来进行网站建设工作。这种语言常被称为脚本语言，因为可以用于编写简短的小程序。近年来，Python 在不断地改良库(主要是 pandas)，使其成为大数据处理任务的主流工具之一。

7.2.1　Python 的安装和设置

用户在进行 Python 安装和设置时常会遇到一些问题，无法正常将 Python 本地化，因此下面简要介绍在 Windows 和 OS X 环境下如何安装及设置 Python。

1. Windows 环境下

首先从 http://www.enthought.com 网站下载 EPDFree 的安装包，它是一个名字类似于 epd_free-7.3-1-winX86.msi 的 MSI 安装包。运行该安装包并接受默认的安装位置 C:\Python27。如果之前在该目录安装过 Python，需要先将其删除(可以手工删除，也可以使用"控制面板"中的"添加或删除程序"功能)。

然后验证是否已经成功将 Python 添加到系统路径，是否和早期安装的 Python 版本发生冲突。打开命令提示符窗口(在 windows 桌面上选择"开始"→"命令提示符"命令)。输入"Python"，尝试启动 Python 解释器，可以看到与已安装的 EPDFree 版本相匹配的信息。

```
C:\User\Wes>python
Python 2.7.3| EPD_free 7.3-1 (32-bit)| (default, May 22 2019, 14:58:22) on win32
```

158

```
Type "Credits", "demo" or "enthought" for more information.
```

如果看到的是其他版本的 EPD 信息或什么信息也没有，那就需要清理 Windows 环境变量。在 Windows 7 上，可以在程序搜索框中输入 "environment variables"，然后编辑账户下的环境变量。它需要含有下面这两个以分号隔开的目录路径。

```
C:\python 27; C:\Python27 \scripts
```

在命令提示符窗口中成功启动 Python 之后，就可以安装 pandas 了。最简单的方法是直接到 http://pypi.python.org/pypi/pandas 网站下载合适的二进制安装包。对于 EDPFree，应该选择 pandas-0.9.0.win32-py2.7.exe。

2. OS X 环境下

首先需要在 OS X 上安装 Xcode，它包含苹果的软件开发工具套件。Xcode 安装包可以在随计算机发布的 OS X 安装光盘中找到，也可以直接从苹果公司的网站上下载。

安装好 Xcode 之后，选择 "Applications" → "Utilities" 命令启动(Terminal.app)。输入 "gcc" 并按回车键，将会看到以下信息。

```
$ gcc
i686-apple-darwin10-gcc-4.2.1: no input files
```

然后安装 EPDFree。下载一个名为 epd-free-7.3-1-macosx-i386.dmg 的镜像文件。双击该文件以将其挂载到系统，再双击其中的.mpkg 文件来运行安装程序。安装程序启动之后，会自动将 EPDFree 可执行文件的路径添加到.bash_profile 文件中，该文件位于 /Users/your_uname/.bash_profile/目录下。

```
# Setting PATH for EPD_free-7.3-1
PATH="/Library/Frameworks/Python.framework/Version/Current/bin:${PATH}"
export PATH
```

如果在后续步骤中遇到任何问题，首先应该检查下.bash_profile 文件，看看是否需要将上面的目录添加进去。

接下来安装 pandas 库，执行以下命令。

```
$ pip3 install pandas
```

为了验证是否安装成功，可以启动 Python 并尝试加载 pandas 库绘制一个图片。

7.2.2 常用的 Python 数据分析库

为了更好地进行大数据分析，下面介绍一些常用的 Python 库，包括 NumPy、pandas、matplotlib、IPython 及 SciPy。

1. NumPy

NumPy(Numercial Python 的简称)是 Python 科学计算的基础包，它可以支持以下功能。

(1) 提供快速高效的多维数组对象 ndarray。

(2) 对数组可以执行元素级计算以及直接对数组执行数学运算。

(3) 可以读写硬盘上基于数组的数据集。

(4) 支持线性代数运算、傅里叶变换及随机数生成。

(5) 可以将 C、C++、Fortran 代码集成到 Python。

除了为 Python 提供快速的数组处理能力，NumPy 在大数据分析方面还有另外一个主要作用，即作为在算法之间传递数据的容器。对于数值型数据，NumPy 数组在存储和处理大数据时要比内置的 Python 数据结构高效得多。此外，由低级语言(如 C 和 Fortran)编写的库可以直接操作 NumPy 数组中的数据，无须进行任何数据复制操作。

2. pandas

pandas 这个名字本身源自 panel data(面板数据，这是计量经济学中关于大型多维结构化数据集的一个术语)以及 Python data analysis。pandas 提供了大量能够快速便捷地处理结构化数据的函数，它是使 Python 成为强大而高效的数据分析环境的重要工具之一。pandas 兼具 NumPy 高性能的数组计算功能以及电子表格和关系型数据库(如 SQL)灵活的数据处理功能。它提供了复杂精细的索引功能以便更为便捷地完成重塑、切片和切块、聚合、选取数据子集等操作。对于金融行业的用户，pandas 提供了大量适用于金融数据的高性能时间序列分析功能和工具。

3. matplotlib

matplotlib 是最流行的用于绘制数据图表的 Python 库。它最初由 John D. Hunter 创建，目前由一个庞大的开发团队维护。它非常适合创建出版物上用的图表，和 Python 结合得也很好，因而提供了一种非常好用的交互式数据绘图环境。绘制的图表也是交互式的，用户可以利用绘图窗口中的工具栏放大图表中的某个区域或对整个图表进行平移浏览。

4. IPython

IPython 是 Python 科学计算标准工具集的组成部分，将其他所有的东西联系到了一起，为交互式和探索式计算提供了一个强健而高效的环境。它是一个增强的 Python shell，目的是提高编写、测试、调试 Python 代码的速度。它主要用于交互式数据处理并且可以利用 matplotlib 对数据进行可视化处理。用户在用 Python 编程时，经常会用到 IPython，包括运行、调试和测试代码。

除标准的基于终端的 IPython shell 外，IPython 还提供了以下功能。

(1) 一个类似于 Mathematica 的 HTML 编辑器(通过 Web 浏览器连接 Python)。

(2) 一个基于 Qt 框架的 GUI 控制台，其中含有绘图、多行编辑以及语法高亮显示等功能。

(3) 用于交互式并行和分布式计算的基础架构。

5. SciPy

Scipy 是一组专门解决科学计算中各种标准问题域的包的集合，主要包括下面这些包。

(1) scipy.integrate，数值积分例程和微分方程求解器。

(2) scipy.linalg，扩展了由 numpy. linalg 提供的线性代数例程和矩阵分解功能。

(3) scipy.optimize，函数优化器(最小化器)以及根查找算法。

(4) scipy.signal，信号处理工具。

(5) scipy.sparse，稀疏矩阵和稀疏线性系统求解器。

7.2.3　Python 在大数据分析中的应用

从 2005 年开始，Python 在金融行业中的应用越来越多，这主要得益于众多成熟的函数库(NumPy 和 pandas)，同时 Python 本身也非常适合搭建交互式的分析环境。下面介绍 Python 在金融大数据分析中的两种常见应用。

1. 分组因子暴露

因子分析(factor analysis)是投资组合定量管理中的一种技术。投资组合的持有量和性能(收益与损失)可以被分解为一个或多个表示投资组合权重的因子(风险因子就是其中之一)。例如，某只股票的价格与某个基准(如标准普尔 500 指数)的协作性被称为贝塔风险系数(beta，一种常见的风险因子)。下面以一个投资组合为例进行讲解，它由 3 个随机生成的因子(通常为因子载荷)和一些权重构成。

```
from numpy.random import rand
fac1,fac2,fac3 =np.random.rand(3,1000)
ticket_subset=tickers.take(np.random.permutation(N)[:1000])
# 因子加权和以及噪声
port=Series(0.7*fac1-1.2*fac2+0.3*fac3+rand(1000),index=ticket_subset)
factors=DataFrame({'f1':fac1,'f2':fac1,'f3':fac3},index=ticket_subset)
 In [99]:factors.corrwith(port)
out[99]:
 f1   0.402377
 f2  -0.680980
 f3   0.168083
```

计算因子暴露的标准方法是最小二乘回归法。使用 pandas.ols(将 factors 作为解释变量)即可计算出整个投资组合的因子暴露。

```
In [100]:pd.ols(y=port, x=factors).beta
out[100]:
f1          0.761789
f2         -1.208760
f3          0.289865
intercept      0.484477
```

不难看出，由于没有给投资组合添加过多的随机噪声，所以原始的因子权重基本上可以算是恢复出来了。还可以通过 groupby 计算各行业的暴露量。为了达到这个目的，先编写一个如下所示的函数。

```
def beta_exposure(chunk,factors=None):
    return pd.ols(y=chunk,x=factors).beta
```

然后根据行业进行分组，并应用该函数传入因子载荷的 DataFrame。

```
In [102]: by_ind=port.grouply(industries)
In [103]: exposures=by_ind.apply(beta_exposure,factors=factors)
In [104]: exposures.unstack()
Out[104]:
                f1          f2          f3         intercept
Industry
FINANCIAL    0.790329   -1.182970   0.275624    0.455569
TECH         0.740857   -1.232882   0.303811    0.508188
```

2. 十分位和四分位分析

基于样本分位数的分析是分析师们分析金融大数据的一个重要工具。例如，股票投资组合的性能可以根据各股的市盈率被划入四分位(4 个大小相等的块)，通过 pandas.qcut 和 groupby 可以非常轻松地实现分位数分析。

在下面的例子中，使用跟随策略或动量交易策略买卖 SPY 标准普尔 500 指数基金，可以从 Yahoo！Finance 网站下载历史价格。

```
In [105]: import pandas.io.data as web
In [106]: data=web.get_data_yahoo('spy','2006-01-01')
In [107]: data
Out[107]:
<class 'pandas'.core.frame.DataFrame>
DatatimeIndex:1655 entries,2006-01-03 00:00:00 to 2012-07-07 00:00:00
Data columns:
Open        1655   non-null values
High        1655   non-null values
Low         1655   non-null values
Close       1655   non-null values
Volume      1655   non-null values
Adj Close   1655   non-null values
Dtypes:float64(5),int64(1)
```

接下来计算日收益率，并编写一个用于将收益率变换为趋势信号(通过滞后移动形成)的函数。

```
px=data['Adj Close']
returns=px.pct_change()
def to_index(rets):
    index=(1+rets).cumprod()
    first_loc=max(index.notnull.argmax() -1,0)
    Index.values[first_loc]=1
```

```
        return index
def trend_signal(rets,lookback,lag):
        signal=pd.rolling_sum(rets,lookback,min_periods=lookback -5)
        return signal.shift(lag)
```

通过该函数，可以创建和测试一种根据每周五动量信号进行交易的交易策略。

```
In [109]: signal=trend_signal(returns,100,3)
In [110]: trade_friday=signal.resample('W-FRI').resample.('B', fill_method='fill')
In [111]: trade_rets=trade_friday.shift(1)*returns
In [112]: to_index(trade_rets).plot()
```

然后将该策略的收益率转化为一个收益指数，并绘制一张图表(见图 7.17)，据此可以为分位数分析提供科学的指导。

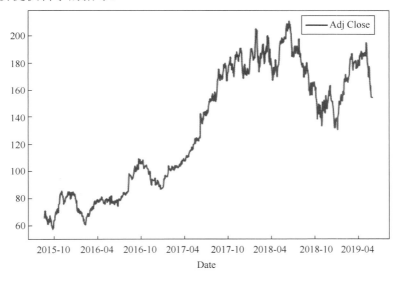

图 7.17　SPY 动量交易策略收益指数

7.3　Tableau

Tableau 是一款大数据分析软件，使用方法简单，通过导入数据，结合数据操作，即可实现对大数据的分析，并生成可视化的图表直接展现数据信息。有关可视化的知识将在第 8 章中详细介绍。

7.3.1　Tableau 的系列产品

Tableau 的系列产品包括 Tableau Desktop、Tableau Server、Tableau Online、Tableau Reader 和 Tableau Public，登录 Tableau 官网，可以下载安装免费试用版。下面对 Tableau 各系列产品进行简要介绍。

1. Tableau Desktop

Tableau Desktop 是一款桌面端分析工具。通过 Tableau Desktop，轻点几下鼠标就可连接到绝大部分的数据源。当连接到数据源后，只需用拖放的方式就可快速创建出交互、美观、智能的视图和仪表板。任何会使用 Excel 的用户都能很容易地使用 Tableau Desktop，而且它的速度非常快。Tableau Desktop 顺应了人们喜欢视觉化地去思考的习惯，视图之间流畅的转变与人的自然思维方式相符。不用深陷在编写脚本的泥潭里，便可创建出美观又信息丰富的可视化图表。

2. Tableau Server

Tableau Server 是一款商业智能应用程序，用于发布和管理 Tableau Desktop 制作的仪表板，同时也可以发布和管理数据源。Tableau Server 基于浏览器的分析技术，当仪表板做好并发布到 Server 上后，其他同事通过浏览器或平板电脑就可以看到分析结果了。Tableau Server 被众多 IT 测评机构描述为"一款颠覆传统商业的智能产品"。此外，Tableau Server 支持 iPad 或 Android 平板电脑桌面应用端，这也意味着用户可以移动办公，时刻掌握公司的运营数据。

3. Tableau Online

Tableau Online 是 Tableau Server 软件及服务的托管版本，建立在 Tableau Server 相同的企业级架构之上。它使商业分析比以往更加快速轻松，因为用户可以省去硬件的安装时间。利用 Tableau Desktop 发布仪表板后，无论在办公室、家里还是旅途中，用户都可以利用 Web 浏览器或移动设备查看实时交互的仪表板，并进行筛选数据、查询或将全新数据添加到分析工作中，利用云商业智能，随时解决问题。

4. Tableau Reader

Tableau Reader 是一款免费的桌面应用程序，用来打开 Tableau Desktop 软件所创建的视图文件。用户用 Tableau Desktop 创建完交互式的大数据可视化内容后，可以发布为打包的工作簿。其他同事则可以通过 Tableau Reader 来阅读这个工作簿，并可以对工作簿中的数据进行过滤、筛选和检验。

5. Tableau Public

Tableau Public 适合所有想要在 Web 上分析交互式数据的用户。它是一款免费的服务产品，用户可以将创建的视图发布在 Tableau Public 上，并将其分享在网页、博客上，或类似 Facebook 和 Twitter 等的社交媒体上。

7.3.2 Tableau 的应用优势

2013—2015 年，在 Gartner 的商业智能和大数据分析平台魔力象限(Magic Quadrant)报告中，Tableau 连续 3 年获得领先者殊荣。Tableau 之所以有这么快的发展速度，在于其拥有自己独特的应用优势，主要体现在以下 4 个方面。

1. 简单易用

Tableau 软件简单易用。其最重要的一个特征就是，普通用户而非专业的开发人员也可以使用这些应用程序，通过拖放式的操作就可迅速地创建图表。为此，开发团队就可以避免各种数据请求的积压，转而把更多的时间放在战略性的问题上，而软件用户又可以通过自己操作就获得想要的数据和报告。

2. 极速高效

大数据分析要求运行速度快且容易扩展，为达到此性能，一个商业智能解决方案必须要有很多方法。为了有较快的速度，传统的商业智能平台需要将数据复制到该系统中的专有格式中。这些公司的分析人员并不是在做数据分析，而是在数据间来回重组，从一种格式转换到另一种格式，这样的结果就是一个知识渊博的分析专员把他 80%的时间花在了移动和格式化数据上，而真正分析数据的时间却只有 20%。

在 Tableau 中，用户访问数据只需指向数据源，确定要用的数据表和它们之间的关系，然后单击"OK"按钮进行连接就可以了。Tableau 顺应人的本能，用可视化的方式处理数据，其一个巨大的优势就是高效。

3. 轻松实现海量数据融合

不管数据是否存储在同一个地方，用户都可以调用需要的任何数据。传统的商业智能是假设所有重要数据都可以被移动到一个综合的企业架构当中。但这对于大多数企业来说都是不现实的，因为企业在不同地方有不同的大数据仓库，数据又是根据时间和员工来分类的，而企业的需求又是不断变化的。

Tableau 可以灵活地融合不同的数据源，用户不需要知道数据具体是如何存储的就可以来询问和回答问题。无论数据是在电子表格、数据库还是数据仓库中，或在其他任何结构中，都可以快速连接并使用它。

Tableau 对于数据融合的方便性体现在以下 3 点。

(1) 允许用户融合不同的数据源。用户可以在同一时间查看多个数据源，在不同的数据源间来回切换分析，并允许把两个不同的数据源结合起来使用。

(2) 允许用户扩充数据。Tableau 能让用户随时加入公司外部的数据，如人口统计数据和市场调研数据，在制作数据图表的过程中，还可以随时连接新的数据源。

(3) 减少了对 IT 的需求。Tableau 能让用户在现有的数据架构中工作。这样，开发人员也从无休止地创建数据立方体和数据仓库过程中解放了。开发人员只需将数据准备好，开放相关的数据权限，用户就可以自己连接数据源并进行分析。

4. 配置灵活

传统大数据分析工具的安装与维护非常复杂，使得经销商难以为客户提供小型的用户套餐。更糟糕的是，模块新增功能往往意味着额外的许可费。而人们通常又都希望先试验一些只有少数用户的分析项目，然后随时间再逐步扩展。传统的商业智能限制太多，它要求组织购买大量最低配置牌照，以满足潜在的需求，而这些又不是实际需求，导致软件的很多配置被荒废。代表着新一代商业智能工具的 Tableau，在每一个环节都证明了它的价

值。组织可以根据需要购买牌照，从在本地工作的单个用户到通过网络访问众多数据源的大数据分析师，经济实惠的 Tableau 支持绝大多数的配置。

7.3.3　Tableau 的数据连接

Tableau 可以方便迅速地连接到各类数据源，从一般的如 Excel、Access、Text File 等数据文件，到存储在服务器上如 Oracle、MySQL、IBM DB2、Teradata、Cloudera Hadoop Hive 等各种数据库文件。下面简单介绍如何连接一般的数据文件和存储在服务器上的数据库文件。

1. 连接数据文件

(1) 打开 Tableau Desktop 后，出现如图 7.18 所示的界面。

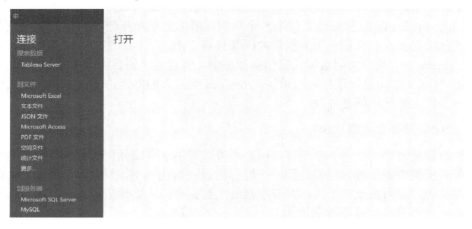

图 7.18　Tableau Desktop 界面

(2) 选择所要连接到的数据源类型。以 Excel 数据源为例，单击"Microsoft Excel"后弹出打开数据源对话框，如图 7.19 所示。

图 7.19　连接 Excel 数据源

（3）找到想要连接的数据源的位置，打开数据源，出现如图 7.20 所示的界面。

图 7.20　打开数据源

（4）在数据量不是特别大的情况下，通常选择"实时"单选按钮。转到工作表，出现如图 7.21 所示的界面，就表示将 Tableau 连接到数据源了。

图 7.21 中左侧有"维度"区域和"度量"区域，这是 Tableau 自动识别数据表中的字段后分类的，"维度"中一般是定性的数据，"度量"中一般是定量的数据。有时某个字段并不属于度量，但由于它的变量值是定量的数据，则也会出现在"度量"区域中。

图 7.21　工作表窗口

2. 连接数据库

使用 Tableau 连接数据库的方法也非常简单。

(1) 选择所要连接的数据库类型，在此单击"MySQL"，弹出如图 7.22 所示的对话框。

MySQL   ×

服务器：[   ]   端口：[3306]

输入服务器登录信息：

用户名：[   ]

密码：[   ]

☐ 需要 SSL

初始 SQL(I)...   登录

图 7.22　MySQL 对话框

(2) 输入服务器名称和端口。

(3) 输入登录到服务器的用户名和密码。

(4) 单击"确定"按钮，以进行连接测试。

(5) 在建立连接后，选择服务器上的一个数据库。

(6) 选择数据库中的一个或多个数据表，或者用 SQL 语言查询特定的数据表。

(7) 对连接到的数据库进行命名以在 Tableau 中显示。

7.3.4　Tableau 在网站内容评估中的应用

下面讲解设置参数的方法，掌握通过设置 Tableau 中的参数，来灵活地展现首页或 N 级页面当中不同媒介类型的客户访问量、跳出率等数据，根据实时的趋势数据分析结果及时做出相应的调整及改善，以提高工作效率。

1. 制作"按页面查看"视图

在进行网站监测时，为了在一张图表上看到不同媒介、不同页面上的独立访问量是多少，可以通过 Tableau 来迅速生成这样的报表，具体操作如下。

(1) 新建工作簿，连接数据源"网站内容评估.xls"，转到工作表，并将工作表命名为"按页面查看"。

(2) 为"页面""一级页面""二级页面"创建一个分层结构，命名为"页面分层"。

(3) 将"独立访问量"和"页面分层"分别拖动至"行"和"列"中，以显示不同页面的独立访问量情况。

(4) 右键单击"媒介类型"，选择"快速筛选器"命令，通过选择不同的媒介来查看该网页的访问量情况，如图 7.23 所示。这样就实现了通过 3 个维度来查看新访问量的数据情况。

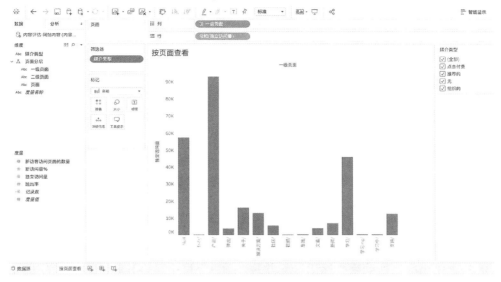

图 7.23 "按页面查看"视图

2. 制作"按媒介查看"视图

创建一个视图,按照媒介的类别来查看网站跳出率的情况。为了实现多维度选取或筛选,除创建分层结构以外,还可以通过设置参数来实现,具体操作如下。

(1) 新建工作表,并命名为"按媒介查看"。

(2) 把"页面""一级页面""二级页面"放进一个参数当中。新建参数,"名称"设置为"页面选择","数据类型"设置为"字符串","值列表"区域的设置如图 7.24 所示。

图 7.24 新建"页面选择"参数

(3) 参数创建后,新建一个字段,命名为"页面向下分层计算器",此字段是为了作为筛选器使用,如图 7.25 所示。

图 7.25 新建"页面向下分层计算器"字段

(4) 制作条形图的步骤如下。

① 将"独立访问量"和"页面向下分层计算器"分别放入"列"和"行"中。

② 将"媒介类型"拖动至"筛选器"中,并右键显示筛选器。

③ 将"跳出率"拖动至"标记"下方的"颜色"框中,将其度量方式改为平均值。

④ 将"页面分层"及"媒介类型"拖动至"标记"下方的"详细信息"框中,以在工具提示中显示。

⑤ 编辑"跳出率"的颜色,如图 7.26 所示。

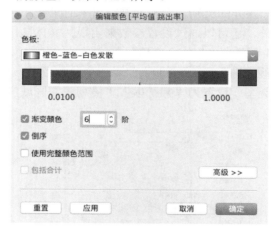

图 7.26 编辑"跳出率"的颜色

(5) 将参数"页面选择"的控件显示出来。

至此,该视图就完成了,结果如图 7.27 所示。

从图 7.27 中,可以清晰地看出各层级页面下的条形图分布,也可以将"按页面查看"及"按媒介查看"放到一个页面下进行对比分析。当选择不同的页面时,条形图也就随之发生改变,这样就可以灵活地分析不同页面的媒介类型有哪些,并且在条形图中还可以看到每个媒介类型的跳出率及独立访问量的情况。

当数据量变大时,由于 Tableau 可以轻松实现海量数据的融合,其分析优势就更明显了,加之其具有强大的可视化功能,因此 Tableau 在大数据商业分析中得到了广泛的应用。

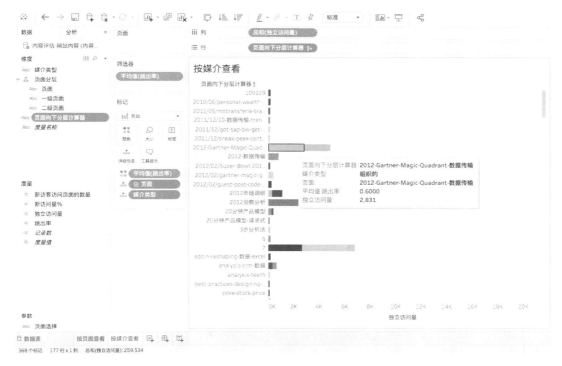

图 7.27　"按媒介查看"视图

阅读案例 7-2

Arby's 使用 Tableau 绘制零售成功案例

Arby's Restaurant Group(以下简称 Arby's)是一家在美国深受欢迎的快捷休闲品牌特许经营授权商。

当 Arby's 对自己的连锁餐厅进行修整时,它需要解答一些问题。例如,餐厅因修整而停止营业期间,顾客会做什么?他们会去哪里?餐厅重新开始营业的时候,他们是否还会回来?

商业智能团队在 Tableau 中使用销售点数据绘制了地图,以此监测顾客在修整期间如何向附近的门店流动。餐厅重新开始营业时,大量的顾客涌入修葺一新的门店,这证明了崭新的外观可以吸引更多的客流。了解到这一点后,Arby's 在一年内将改建数量提高了 4 倍,改建工作在第 2 年全年持续进行。

除改建工作外,Arby's 团队还使用 Tableau 对销售数据、配合调查信息及优惠券信息进行合并分析。这些数据帮助公司改善了自己的"Give A Dollar"(拿出一美元)慈善计划,也为公司节省了资金。

下面是 Tableau 工作人员(以下称 Tableau)与 Arby's 的商业智能和分析经理 Karl Riddett(以下称 Karl)的对话。

Tableau：您能否介绍一下 Arby's 品牌？

Karl：Arby's 通过美味的体验让人们展露笑容。每位顾客步入我们的餐厅时，我们都想实现这个目标。

Tableau：能否谈谈您在 Tableau 中进行的地图绘制？

Karl：地图绘制是对数据进行可视化展示的好方法，特别是对于餐饮公司而言。我们在全国有很多餐厅，与大多数餐饮公司一样，我们也有分层结构。我们有小区、区域和大区。我们可以绘制上述各个级别的餐厅地图，还可以使用纬度和经度对其进行聚合。

Tableau：在改建期间，贵公司是如何使用地图绘制功能的？

Karl：在改建期间，我们实际上在地图上绘制出了各个门店，还有它们的纬度和经度。我们为地图创建随时间变化的动画。然后发现，在一个门店停业改建期间，其附近门店的销售额实际上会增加。

而当该门店重新开始营业时，附近门店的营业额又会缩减。它们的销售额不会恢复，因为附近有一个崭新漂亮的门店。所以，实际上会看到顾客从老门店迁移到了改建后的门店。

Tableau：所以，哪个仪表板有着非常重要的战略作用？

Karl：那个仪表板帮助做到的事情是，对改建工作每周的进度进行准确和快速的跟踪，同时证明改建是有效果的。我们将 2015 年的改建数目增加到了 2014 年的 5 倍。我们还将在 2016 年实施更多改建。事实已经证明，我们需要将更多的资金用于改建餐厅，营造焕然一新的外观，而且这种做法真正地促进了业务。

Tableau：您还获得了哪些其他好处？

Karl：改建仪表板带来的另一个意料之外的好处是，我们的财务规划和分析工作组曾找到我们说，"Excel 次次都要让我们花 6 个小时，我们已经受够了。"这个工作组在大多数时候并不是很关心数据可视化。因此我们与他们合作，帮助他们消除了 6 个小时的 Excel 流程，但保留了财务人员喜欢的网格。同时，还为他们提供地图，在其中显示餐厅改建进度以及改建工作对其他餐厅的影响。

Tableau：除此之外，您如何使用这些数据？

Karl：现在，我们能够将自己的一些评估数据放到仪表板中。我们可以对餐厅的一些其他定性分数进行绘图，并显示这些分数与一些其他指标有何关系。

Tableau：能否在顾客水平描述一下这种操作？

Karl：当有一张收据，上面写着"Karl 购买了一份牛肉和切达奶酪套餐，要了一杯奶昔，使用了一张优惠券。"所有这些信息都可以用于定量分析。但如果能够将这些信息与顾客体验调查关联起来，就可以判断这名顾客是否获得了良好的体验，是否会再次惠顾，是否会再次使用优惠券等。

Tableau：贵公司有没有在这些信息的基础上进行促销？

Karl：我认为，在顾客体验数据方面，我们尚处于早期阶段。我们刚刚更换了数据供应商。

这方面最好的一个故事来自我们在去年进行的一次促销活动。顾客只要花 1 美元就可以获得 2 美元的优惠券，且他们"拿出的一美元"将被用于慈善事业。

　　Tableau：那次活动效果如何？

　　Karl：负责的主管找到我说，"您能不能用 Tableau 分析一下我们该怎么做？因为我们在接收的数据中发现了一些有趣的事情。"他们可以判断出有些东西不太对劲，但又不知道具体发生了什么。

　　Tableau：您是怎样做的？

　　Karl：我们制作了仪表板，将其应用到实际工作中，现场主管实施了整改措施。现在经营部门能够查看数据，查看正在发生的事情，这种能力让他们真正地做出了改变。

　　Tableau：您有没有看到使用 Tableau 为财务部门带来的好处？

　　Karl：我们确实获得了财务上的投资回报。但我想，真正的投资回报在于，某些人可以真正地表达自己的完整想法，表达他们想在自己的岗位上做什么，并回答类似的问题。

　　Tableau：能否更详细地介绍一下您的数据战略？

　　Karl：我们的战略是自助式商业智能。我们不想成为 IT 部门内的报告工厂或仪表板工厂。我们将创建大量内容，我们将有一些新想法，进行一些创新，但我们想和业务部门合作，让他们能够取得更大的进步。

(资料来源：https://www.tableau.com/zh-cn/solutions/customer/renovating-

retail-success-arbys-restaurant-group.[2021-9-14])

本 章 小 结

　　本章主要介绍了大数据分析常用的 3 种工具：数据透视表、Python 数据分析库及 Tableau。首先介绍了创建数据透视表的相关操作细节及切片器的使用方法。然后介绍了 Python 在 Windows 及 OS X 环境下的安装和设置方法，汇总了常见的 Python 数据分析库，并介绍了 Python 在大数据分析中的应用。最后概述了 Tableau 的系列产品、应用优势、数据连接方法及其在网站内容评估中的应用。

【关键术语】

(1) 切片器　　　　　(2) IPython　　　　(3) pandas
(4) 因子分析　　　　(5) Tableau　　　　(6) 商业智能

习　　题

1. 选择题

(1) 数据透视表对大数据分析的作用不包括(　　　)。

　　A．可以对无限大的数据库进行多条件统计

　　B．把字段移动到不同位置上，可以迅速得到新的数据，满足不同的要求

　　C．可以找出数据表中某一字段的一系列相关数据

　　D．得到的统计数据与原始数据源能保持实时更新

(2) 数据透视表由(　　)构成。

　　A．行、列　　　　　B．值　　　　　　C．筛选器　　　　D．以上都对

(3) (　　)是一组专门解决科学计算中各种标准问题域的 Python 包的集合。

　　A．NumPy　　　　B．SciPy　　　　　C．pandas　　　　D．matplotlib

(4) NumPy 在大数据分析方面可以发挥的作用包括(　　)。

　　A．作为在算法之间传递数据的容器

　　B．提供快速的数组处理能力

　　C．可以分析金融数据的高性能时间序列

　　D．选项 A 和 B

(5) (　　)不属于 Tableau 的主要应用优势。

　　A．简单易用　　　　　　　　　　　B．极速高效

　　C．轻松实现数据融合　　　　　　　D．配置单一

(6) Tableau Desktop 可以直接连接的数据源不包括(　　)。

　　A．Excel　　　　　B．数据库　　　　C．TextFile　　　D．PDF

2．判断题

(1) 每一次改变版面布局时，数据透视表会立即按新的布局重新计算数据。　　(　　)

(2) 数据透视表和 Tableau 的结构类似。　　(　　)

(3) 切片器是一个静态的筛选工具。　　(　　)

(4) pandas 是最优的 Python 数据分析库。　　(　　)

(5) matplotlib 是最适合于绘制数据图表的 Python 数据分析库。　　(　　)

(6) Tableau 可以方便迅速地连接到所有数据源，包括静态的和动态的。　　(　　)

3．简答题

(1) 数据透视表在大数据分析中的作用有哪些？

(2) 简述数据透视表中切片器的使用方法。

(3) 常见的 Python 数据分析库有哪些？各有什么特点？

(4) 简述 pandas 库的功能。

(5) 数据透视表和 Tableau 在结构上有什么相似之处？

(6) 简述 Tableau 的应用优势。

第 *8* 章
大数据可视化

 本章教学要点

知识要点	掌握程度	相关知识
大数据可视化的概念	掌握	可视化概念、领域模型、信息图
大数据可视化的作用	熟悉	数据记录、数据推理、数据分析
大数据可视化的应用	了解	应用领域、应用方法
不同类型数据和图形的展示	掌握	比例大数据可视化、关系大数据可视化、文本大数据可视化
Tableau	熟悉	特点、使用方法
ECharts	熟悉	应用场景、使用方法

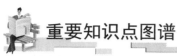
重要知识点图谱

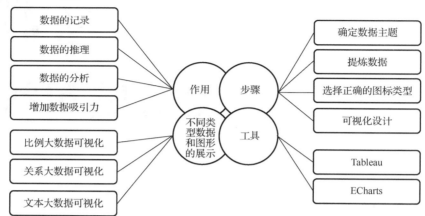

本章主要介绍大数据可视化的概念、可视化的基础和表现形式，以及常用的可视化工具。可视化是大数据分析之后的重要环节，它应用数据和图形技术，通过将抽象、复杂的数据转化为生动形象、易于理解的图形和符号等来提高用户对数据本身所包含信息的传递效率和效果。

大数据可视化涉及数据科学、计算机图形学以及人机交互等多门学科，具有综合性和交叉性。可视化更加直观的数据展示方式，增加了数据的说服力，丰富了科学发现的过程，掌握大数据可视化的方法可以更好地观察事物发展演化的趋势、揭示规律和关系，以及进行探索性数据分析等。

8.1 大数据可视化概述

互联网时代，大量的数据在源源不断地产生，人们对数字、文本等抽象化数据的处理能力远低于对形象化的视觉图形的理解，可视化技术则为大数据的分析提供了一种直观的挖掘、分析和展示手段，帮助人们发现数据中蕴含的规律，理解数据的内涵，从而为行为决策提供技术支持。

8.1.1 大数据可视化的概念

大数据可视化是关于数据视觉表现形式的科学技术研究，这种数据的视觉表现形式被定义为以某种概要形式抽取出来的信息，包括相应信息单位的各种属性和变量。数据可视化涉及计算机视觉、图像处理、计算机辅助设计和计算机图形学等多个领域，是一项研究数据表示、数据处理和决策分析等问题的综合技术。

大数据可视化主要是借助图形化手段，将抽象的、复杂的、不易理解的数据转换为易于识别的图形、图像、符号、颜色、纹理等，提高数据本身所包含信息的传递效率和效果。

大数据可视化与计算机图形学、计算机视觉等科学技术相比，既有区别，又有联系。它是通过计算机图形图像等技术手段展示数据的基本特征和内在规律，辅助人们更好地分析和理解数据，进而帮助人们从庞杂混乱的数据中获取需要的知识和信息。

大数据可视化不仅是一个生成图像的过程，更是一个认知和强化认知理解的过程。大数据可视化将采集或模拟的数据转化为可识别的符号、图像、视频或动画，以此呈现对用户的价值信息，用户通过感知，使用可视化交互工具进行数据分析，获取知识，提升认识。因此，大数据可视化的目的是对事物规律的认识，而非仅仅是绘制的可视化本身。大数据可视化的领域模型如图 8.1 所示。

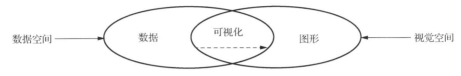

图 8.1　大数据可视化的领域模型

要理解大数据可视化的概念，还要注意区分信息图和可视化这两个概念。基于数据生成的信息图和可视化，这两者在实际应用中很接近，且有时可以替换，但两者的概念不同。信息图是指为某一数据定制的图形图像，往往是设计者手工定制的，只能应用于此数据，它是具体化的、自解释性和独立的。而可视化是指用程序生成的图形图像，这个程序可以应用到不同的数据上。可视化是普适的，它可以使用户将可视化技术快速应用到新的数据上，不会因数据内容的改变而改变，信息图则与内容本身有密切关系。可视化基本是自动的，而信息图需要手工定制。

大数据可视化主要从数据中寻找三方面的信息：模式、关系和异常。

(1) 模式，主要指数据中的规律，如通过历年公园浏览人数对比，发现游客人数的周期性变化的规律。

(2) 关系，指数据之间的相关性，通常代表关联关系和因果关系。数据间的关系大多可以分为 3 类：数据间的比较、数据的构成以及数据的分布或联系。

(3) 异常，指有问题的数据。异常的数据不一定是错误的数据，有些异常数据可能是设备出错或被认为是输入错误，有些则可能是正确的数据，通过对数据的异常分析，可以发现异常情况，有些异常数据需要做特殊处理。

8.1.2　大数据可视化的作用

大数据可视化技术将符号描述转化为几何描述，使研究者能够观察到所期望的仿真和计算结果。与传统表格或文档的展示方法相比，大数据可视化用更加直观的方式展示数据，使数据更加客观、更有说服力，丰富了科学发现的过程。可视化的作用可以体现在多个方面，如观察事物发展演化的趋势、揭示规律和关系、探索性数据分析等。从宏观层面看，大数据可视化的作用体现在 4 个方面：数据的记录、数据的推理、数据的分析、增加数据吸引力。

1. 数据的记录

用图形的方式描述各种具体或抽象的事务，是自古以来就使用的有效记录信息的方法之一。人们利用视觉获取的信息量远远比其他的感官要好得多，据调查发现，人类的知识中，有80%以上的信息通过视觉获得。所以，大数据可视化可以帮助人们更好地传递信息，人类的记忆能力是有限的，单纯地记忆数据特征对人类来说是十分困难的。将数据通过图形表达出来，可以帮助人们更好地记忆和理解，常见的数据表达形式包括文本、图表、图像、二维图形、三维模型、网络图、树结构、符号和电子地图等。借助于有效的图形展示工具，大数据可视化能够在小空间呈现大规模数据。

2. 数据的推理

通过大数据可视化，可以极大地降低人们对数据理解的复杂度，快速高效地提升对信息的认知，帮助人们分析和推理出有效的信息。英国一位医生通过绘制街区图，发现了在伦敦暴发的霍乱的原因，医生通过将图中霍乱患者的分布与水井的分布进行对比，发现其中一口井的供水范围内患者明显偏多，从而找到了霍乱暴发的根源——一个被污染的水源。也有人通过绘制基站的分布图，来分析诈骗短信的投放时间和规律。这些都是利用大数据可视化的结果，来帮助人们掌握信息间的关系，发现其内在的规律，从而服务于人类。

3. 数据的分析

数据分析是通过数据计算获得多维、多源、异构和海量数据所隐含信息的核心手段，它是数据存储、数据转换、数据计算和大数据可视化的综合应用。大数据可视化作为数据分析的最终环节，直接影响着人们对数据的认知和使用。大数据可视化能够帮助人们对数据有更加全面的认识。优化、易懂的可视化结果有助于人们进行信息交互、推理和分析，方便人们对相关数据进行协同分析，也可加速信息和知识的传播。另外，大数据可视化可以有效表达数据的各种特征，辅助人们推理和分析数据背后的客观规律，进而获得相关知识，提高人们理解、认识和利用数据的能力。

4. 增加数据吸引力

枯燥的数据被制作成具有强大视觉冲击力和说服力的图像，可以大大增加读者的阅读兴趣。传统保守的讲述方式已经不能引起读者的兴趣，而需要更直观、高效的信息呈现方式。因此，现在的新闻播报越来越多地使用数据图表来动态、立体化地呈现新闻内容，让读者一目了然，能够在短时间内消化和吸收，大大提高了知识理解的效率。

8.1.3 大数据可视化的应用

大数据可视化技术已被普遍应用于各个行业，如制造业、零售行业、医疗行业等。借助大数据可视化及分析工具，不仅能提高数据分析的效率，更能让数据信息变得更简单易懂。下面介绍大数据可视化在智能制造、智能交通、人工智能等领域的应用。

1. 在智能制造中的应用

对于大多数工厂来说，从自动化到智能化转型的第一步就是让工厂中的所有设备联网，这是最基础也是最核心的部分，这也带来了如下的变化：一方面，在设备联网之后，原先处于数据孤岛的工厂设备将会被统一地管理和监控，包括生产数据的实时反馈，使工厂的运转处于全自动化的统计及反馈之下，同时能实现远程查看及提醒；另一方面，设备的历史数据被完整地记录和保存，在下一次故障中可以很容易地分析出故障原因，从而杜绝类似故障再次发生；此外，工厂的生产数据可以形成统计报告，使工厂管理者全方位地了解生产状况，及时调整生产计划。

在传统的工厂中，最常见的数据记录方式是用纸张记录，出现了容易丢失、可读性差等问题。而设备联网之后，任何相关的数据都可以通过传感器收集分析，然后形成可视化的动态图表，具有直观的数据反馈。设备与设备互联后，设备的相关数据就能实现采集、监控、分析、反馈，通过网络将人、设备、系统进行无缝联接，最终设备的管理逐渐智能化，大大降低了人力成本。在整个管理过程中，流程简化并且记录可留存性强。网络就像人的神经，设备就是人的器官，数据是人的血液，大数据可视化让管理者的决策通过对设备进行设置，所有设备的状态都可以一手掌握，及时对生产环节、生产设备进行调整，以达最佳的生产效率。

例如，在流场计算的过程中，可视化技术起着十分重要的作用。首先，可视化技术提供交互设计手段以方便与加快物体的定义过程，研究人员可直观地校验物体各部分的几何尺寸大小、部件间是否留有缝隙、物体表面是否光滑等。其次，在对计算区域进行网格剖分时，可视化技术能把生成的网格显示出来，以便让研究人员检验并及时调整和伸缩网格线，使之形成合理的空间分布。最后，在对计算结果的分析过程中，可视化技术利用计算机图形学所提供的各种方法描述流场中的各种物理量的分布情况，如压力、密度等标量和速度等矢量，并用不同颜色的等值线(面)或不同深浅的颜色填充网格表示标量的数值差别。此外，可视化技术可实时交互的变化画面大小并提供动态显示，以使分析者看清流场中各种现象的细节并做进一步分析。

2．在智能交通中的应用

智能交通即实现交通诱导、指挥控制、调度管理和应急处理的智能化。城市公共交通智能化可以实现交通综合管理，推动城市道路交通管理系统的信息共享和资源整合，实现城市群一体化发展。大数据可视化在智能航海、陆地交通以及航空航天方面都有重要的应用，此处仅以共享单车的需求预测为例进行说明。

共享单车系统在很多城市都得到了普及。人们在各个站点对单车的需求不一致，导致一些站点出现无车可借，而另一些站点出现大量车而无法容纳的现象。因此，解决共享单车的合理分布问题，可以满足人们对车的需求量，同时有助于提高单车的使用效率，实现供求平衡。

曾经有研究者获取到上海市摩拜单车的数据，并对其进行大数据可视化分析，寻找单车需求的内在规律，给出相关的建议。通过对 28 万条单车数据的分析，得出以下结论。

(1) 5 千米内是单车出行的黄金距离。腾讯企鹅智酷的一份调查报告显示，61.3%的用户骑行距离在 3 千米以内，骑行超过 5 千米的用户只占 8%左右。也就是说，对于共享单车用户，5 千米以内的短途通勤是最普遍的情况。因此，单车是城市局部的微交通，随着

短距出行的需求波动，每辆车虽然走的距离很短，但可能以每天 1 千米的速度在向四周扩散，虽然单车一开始的投放可能是不均匀的，但最终会形成一种平衡，由于用户的需求也是不均匀的，所以要不断地对单车进行调度调整。

(2) 地铁周边 1 千米内的空间涵盖了 63% 的单车，这说明了地铁和单车之间存在很大的关系，但也并非每个地铁站点都均匀投放单车。通过对地铁进出站人数和自行车数据做进一步分析，发现目前单车投放存在的一个问题，即摩拜单车集中布局在上海的核心地带，忽略了市郊部分地区，而这些地区也是单车需求的潜在市场。

(3) 研究者还根据居住房户数与单车数据相比较，发现人均保有单车率等于区域单车数量与区域小区户数之比，漕河泾、外滩、张江、五角场和金桥比率很高，而普陀区的甘泉、宜川，闸北区的彭浦，奉贤区的南桥等地区单车资源较缺乏。

3. 在人工智能领域的应用

人工智能在产业应用中的真正落地将成为中国人工智能能否稳居世界前列的关键。随着科学研究的发展，受脑科学成果启发的类脑智能蓄势待发，芯片的硬件化平台趋势也非常明显，这些重大变化使得人工智能进入了与前 60 年完全不同的阶段。新一代人工智能技术有以下几个特点：一是从人工知识表达到大数据驱动的知识学习技术；二是从分类型处理的多媒体数据转向跨媒体的认知、学习、推理；三是从追求智能机器到高水平的人机、脑机相互协同和融合，计算能力和工具变得越来越多；四是从聚焦个体智能到基于互联网和大数据的群体智能，把很多人的智能集聚融合起来变成群体智能；五是从拟人化的机器人转向更加广阔的智能自主系统。

大数据可视化和可视分析是一种人机融合，或者说是人机混合智能关键技术。从数据到知识需要人的介入，很多场合下让机器去完成所有的任务是不可能的，尤其是在一些很重要、严肃的场合，有效结合人的智慧是很重要的一个发展方向，可视化和可视分析首当其冲。人工智能 2.0 关键技术是大数据技术和深度学习技术的融合，而可视化和可视分析应用于大数据的获取、清洗、建模、分析、知识呈现(预测仿真)的整个过程；可视化和可视分析将在深度学习的展示、解释、调参、验证等方面发挥作用。

4. 在其他领域的应用

(1) 生命科学可视化。生命科学可视化指面向生物科学、生物信息学、基础医学、临床医学等一系列生命科学探索与实践中产生的大数据可视化方法，本质上属于科学可视化。由于生命科学的重要性以及生命科学数据的复杂性，生命科学可视化已成为一个重要的交叉型研究方向。当前，可视化技术已广泛应用于诊断医学、整形与假肢外科中的手术规划及辐射治疗规划等方面。在以上应用中的核心技术是将过去看不见的人体器官以二维图像显示或三维模型重建。由于三维医学图像构模涉及的数据量大、体元构造算法复杂、运算量大，因此至今仍是医学图像可视化中的技术瓶颈。在这一领域，图像处理技术占主流，而计算机视觉与图形学则在整形外科的手术中起主要作用。例如，用核磁共振图像序列重构的三维脑部图像，此类三维图像有助于医生决定是否需要外科手术，应用何种方法和需要何种工具等问题。目前，在医学可视化领域主要包含 3 个研究热点，即图像分割技术、实时渲染技术和多重数据集合的图像标定技术。这些技术的发展将进一步促进可视化技术在医学领域中的推广。

（2）地理气象信息可视化。地理信息可视化是大数据可视化与地理信息系统学科的交叉方向，它的研究主体是地理信息数据。地理信息可视化的起源是二维地图制作，并逐渐扩充到三维空间动态展示，甚至还包括地理环境中采集的各种生物性、社会性感知数据(如天气、空气污染、出租车位置信息等)的可视化展示。气象预报中涉及大量的可视化内容，从普通的云图到中尺度数值预报。大量的气象观测数据都必须经过可视化后再向用户提供信息。一方面，可视化可将大量的数据转换为图像，在屏幕上显示出某一时刻的等压面、等温面、旋涡和云层的位置及运动、暴雨区的位置及强度、风力的大小及方向等，使预报人员能对未来的天气作出准确的分析和预测。另一方面，根据全球的气象监测数据和计算结果，可将不同时期全球的气温分布、气压分布、雨量分布及风力风向等以图像形式表示出来，从而对全球的气象情况及其变化趋势进行研究和预测。例如，三维空间里的风暴前锋模型，描述了冷暖锋面及锋面相交时的压力场分布。

（3）表意可视化。表意可视化指以抽象、艺术、示意性的手法阐明、解释科技领域的可视化方法。早期的表意性可视化以人体为描绘对象，类似于中学的生理卫生课和高等院校的解剖课程上的人体器官示意图。在科学向文明转化的传导过程中迸发了大量需要表意性可视化的场合，如教育、训练、科普和学术交流等。在数据爆炸时代，表意性可视化关注的重点是从采集的数据出发，以传神、跨越语言障碍的艺术表达力展示数据的特征，从而促进科技生活的沟通交流，体现数据、科技与艺术的结合。例如，*Nature* 和 *Science* 杂志大量采用科技图解展现重要的生物结构，澄清模糊概念，突出重要细节，并展示人类视角所不能及的领域。

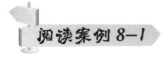

阅读案例 8-1

疫情可视化

（1）提到疫情可视化，就不得不提英国流行病学家 John Snow 在 1854 年研究绘制的这幅经典的"霍乱地图"，如图 8.2 所示。这幅地图在 2014 年被 Tableau Software 评为人类历史上最有影响力的 5 个数据可视化信息图之一。John Snow 创造性地使用空间统计学查找到传染源。现在绘制地图已经成为医药地理学和传染病学中一项基本的研究方法。

（2）2020 年新冠肺炎疫情席卷全球，图 8.3 所示为英国帝国理工学院制作的英国重症护理床位需求的减缓措施策略场景。这个可视化类型用的是曲线图，除了红色线为现有的重症监护病床容量外，其余的每种颜色都代表着一种措施的需求预测。图 8.3 显示，最佳的缓解措施为蓝色线代表的确诊隔离、疑似居家隔离、老年人保持社交距离，相比黑色线代表的不采取任何措施，会将医疗需求高峰减少 2/3，死亡人数减少一半。正是因为这份图表，英国政府才将最初的"群体免疫"策略提升为关闭学校、居家隔离。

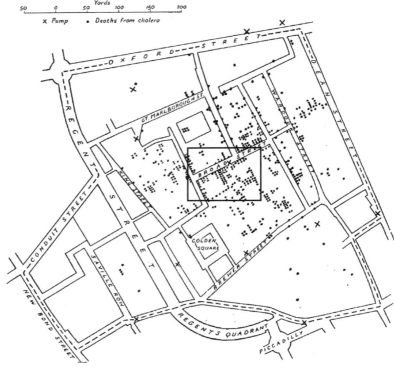

图 8.2 彩图

图 8.2　霍乱地图

Chart 5:Peaks in Need for ICU Beds in the UK
for Different Social Distancing Measures

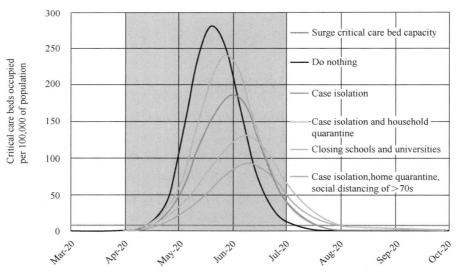

Source:Impact of non-pharmaceutical Interventions (NPts) to reduce COVID19 mortality and healthcare dremand,Neit Ferguson et, alt ,Imperial College

图 8.3　英国新冠肺炎重症护理床位需求的减缓措施策略场景

(3)《金融时报》每天更新一个曲线对数坐标图，展示了新冠肺炎感染人数在各个国家传播的速度增长趋势，如图 8.4 所示。这幅图的精妙之处在于对于原始数据先取对数，再进行展现，这种方法可以消除离散点对其他数据的影响，易于发现数据的规律。在这次对于疫情发展规律的研究上，可以说是独树一帜。从图 8.4 中可以看出，截至 2020 年 3 月 26 日，中国的疫情传播已得到了有效的控制，早期疫情严重的韩国、日本及新加坡等亚洲国家，也很大程度上阻断了疫情的扩散。相反，欧美国家，不管是美国，还是英国、西班牙、法国、德国、意大利，每天新增确诊数量惊人，并且还暂时看不到拐点的方向。尤其是美国，其速度超过了包括意大利在内的任何国家。

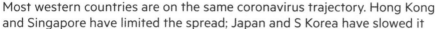

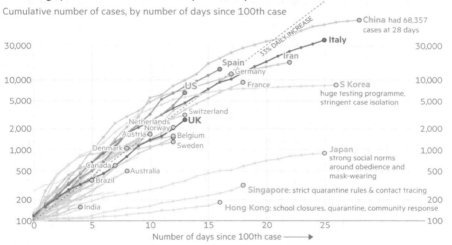

图 8.4 彩图

图 8.4　各国新冠肺炎感染人数传播速度增长趋势

(资料来源：http://hint.fm/wind 和 https://zhuanlan.zhihu.com/p/127799004.[2021-9-14])

8.2　大数据可视化的基础和表现形式

大数据可视化的主要目的是利用图形化手段，清晰、有效地展示数据，表达信息。通过数据的可视化，可以有效地传达出隐藏在大数据中的重要信息，帮助人们更清晰地认识数据，挖掘规律，从而进行分析和决策。大数据可视化涉及计算机图形学、图像处理、人机交互等多项技术，将数据转化为图形或图像，并可以与用户进行交互。大数据可视化的过程也是艺术创作的过程，需要具有易感知性，同时还要具备美感。

8.2.1 大数据可视化的原则和步骤

1. 大数据可视化的基本原则

大数据可视化的主要目的是准确地为用户展示和传达数据所包含的信息。简明的可视化会让用户受益，复杂的可视化会给用户带来理解的偏差和对原始数据的误读，缺少交互的可视化会让用户难以多方面地获取所需要的信息，没有美感的可视化设计会影响用户的情绪。因此，了解和掌握大数据可视化的一些设计方法和原则，对实现理想的可视化效果十分重要。

(1) 数据筛选。好的可视化设计应展示适量的信息内容，以保证用户获取数据信息的效率。信息量过少用户无法更好地理解，信息量过多会给用户带来困扰，导致重要信息被忽略。因此，好的可视化设计应向用户提供对数据进行筛选的功能，从而让用户选择哪部分数据被显示，而其他部分则在需要的时候才显示。此外，也可以通过多视图或多显示器根据数据的相关片段分别显示。

(2) 数据到可视化的直观映射。在设计数据到可视化的映射时，设计者不仅要明确数据语义，还要了解用户的个性特征。如果设计者能在设计时预测用户在使用可视化结果时的行为和期望，就可以提高可视化设计的可用性和功能性，帮助用户理解。设计者利用已有经验可以减少用户对信息的感知和认识所需的时间。

(3) 视图选择和交互设计。好的可视化展示应采取用户熟悉并认可的视图设计方式。简单的数据可以用基础的可视化视图，复杂的数据需要使用或开发复杂的可视化视图。此外，优秀的可视化还应提供一系列的交互手段，使用户按照所需要的展示方式修改视图展示结果。可视化交互包括：视图的滚动与收缩；颜色映射的控制，如提供调色盘让用户控制；数据映射方式的控制，让用户可以使用不同的映射方式来展示数据；数据选择工具，用户可以选择最终可视化的数据内容；细节控制，用户可以隐藏或突出数据的细节部分。

(4) 美学因素。设计者需要对可视化的形式表达方面进行设计。有美感的可视化设计更加吸引用户的注意，促进其进行深入的探索。优秀的可视化必然是功能和形式的完美结合。在可视化中有很多方式可以提高美感，主要原则有：简单原则，指设计者尽量避免在可视化制作过程中使用过多的元素造成复杂的效果，找到美学效果与所表达的信息量之间的平衡；平衡原则，为了有效利用可视化显示空间，可视化的主要元素应尽量放在设计空间的中心位置或中心附近，并且元素在可视化空间中尽量平衡分布；聚焦原则，设计者应该通过适当的手段将用户的注意力集中到可视化结果中的最重要区域，如设计者通常将可视化元素的重要性排序后，对重要元素通过突出的颜色进行编码展示，以提高用户对这些元素的关注。

(5) 可视化的隐喻。用一种事务去理解和表达另一种事务的方法称为隐喻，隐喻作为一种认知方式参与人对外界的认知过程。与普通认知不同，人们在进行隐喻认知时需要先根据现有信息与以往经验寻找相似记忆，并建立映射关系，再进行认知、推理等信息加工。解码隐喻内容，才能真正了解信息传递的内容。可视化过程本身就是一个将信息进行隐喻化的过程，设计师将信息进行转换、抽象和整合，用图形、图像、动画等方式重新编码表

184

示信息的内容，然后展示给用户。用户在看到可视化结果后进行隐喻认知，并最终了解信息内涵。隐喻的设计包含隐喻本体、隐喻喻体和可视化变量 3 个层面。选择合适的源域和喻体，就能创造更佳的可视和交互效果。

(6) 颜色与透明度。颜色在可视化领域通常被用于编码数据的分类或定序属性。有时，为了便于用户在观察和探索大数据可视化时从整体上进行把握，可以给颜色增加一个表示不透明度的分量通道，用于表示离观察者更近的颜色对背景颜色的透过程度。该通道可以有多种取值，可以不透明，可以完全透明，也可以透过一部分背景颜色，从而实现当前颜色和背景颜色的混合，创造出可视化的上下文效果。

2. 大数据可视化的步骤

数据可视化不是简单的视觉映射，而是以数据流向为主线的一个完整流程。它包括确定数据主题、提炼数据、选择正确的图表类型和可视化设计这 4 个步骤。

(1) 确定数据主题。在创建数据可视化项目时，第一步是要明确数据主题，明确这个数据可视化项目将会怎样帮助用户。一个具体问题或某项业务、战略目标的提出，都对应着一个数据可视化的主题。例如，某物流公司想要分析包裹的流向、承运量和运输时效等，均可确定相应的数据主题。确定数据主题有助于避免数据可视化项目把无关联的事物混杂在一起。若可视化项目不具有明确的数据主题，用户则易被误导去比较不相干的变量而产生困惑。

(2) 提炼数据。确定数据主题之后，需要对数据进行提炼。提炼数据的第一个环节是确定数据指标。同样一个业务问题或数据，由于思考视角和组织方式的不同，选择不同的数据指标进行衡量，从而得出截然不同的数据分析结果。确定数据指标后，需要基于不同的分析目的，对数据指标的维度进行选择。例如，某物流公司在分析寄件量这一指标时，可以分析一天内的寄件量高峰位于哪个时段，也可以分析一天内寄件量排名前十的城市是哪些。时段、城市是寄件量这一指标的不同维度。

此外，确定了要展示的数据指标和维度之后，需要对指标的重要性进行重要性的排序，选择出用户最关注的数据指标和维度。通过确定用户关注的重点指标，为数据的可视化设计提供依据，从而通过合理的布局和设计，将用户的注意力集中到可视化结果中最重要的区域，提高用户获取重要信息的效率。

(3) 选择正确的图表类型。在确定了用户最关注的数据指标后，选取正确的图表类型有助于用户理解数据中隐含的信息和规律。图表类型的选择取决于所要处理和展现的数据类型。例如，数据指标之间存在对比关系，则可采用柱状图、条形图或树图等图表类型；若数据为连续取值且能够体现出趋势时，则适合采用折线图；若数据指标为关联型，则可采用桑基图。以第二步中该物流公司在某天内寄件量排名前十的城市为例，可以使用柱状图来展示这一指标，如图 8.5 所示。

(4) 可视化设计。在确定图表类型之后，则进入可视化设计和呈现的步骤。在进行可视化布局的设计时，需通过恰当地排版布局，将用户的注意力集中到最重要的区域，提高

用户解读信息的效率。对于含有众多指标的图表，有时很难衡量多个指标之间的差异，则需要对关键指标进行放大或采用突出的颜色显示等方式使该指标更为突出。此外，需要合理地利用可视化的设计空间，保证整个页面的不同元素在空间位置上处于平衡，并且在选择设计元素上要避免冗余繁复，提升设计美感。

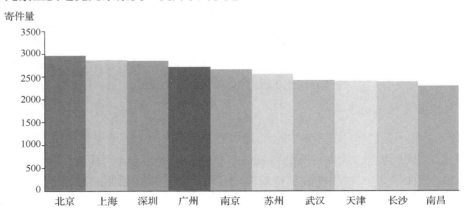

图 8.5　物流公司某天内寄件量排名前十的城市

8.2.2　统计图表可视化方法

统计图表是最早的大数据可视化形式之一，目前仍被广泛使用。选择合适的统计报表和视觉暗示组合可以实现好的大数据可视化效果，基本的可视化图表可以满足大部分可视化项目的需求。

(1) 柱状图。这是一种以长方形的长度为变量的表达图形的统计报告图，由一系列高低不等的纵向条纹表示数据的分布情况。柱状图适用于二维数据集，能够清晰地比较两个维度的数据，由于视觉对高度间差异的感知比较敏感，柱状图利用柱子的高度差异来反映数据之间的差异。柱状图的缺点是只适用于小规模的数据集。

(2) 条形图。排列在工作表的列或行中的数据可以绘制成条形图，用条形图显示各个项目之间的比较情况。条形图适用于轴标签过长、显示的数据值是持续性的图表。条形图有簇状条形图、堆积条形图、百分比堆积条形图等。其特点是能够使人们清楚地看出各个数据的大小，易于比较数据之间的差异。

(3) 折线图。折线图可以显示随时间而变化的连续数据，适用于显示在相等时间间隔下数据的趋势，适用于二维大数据集，特别是对那些趋势比单个数据点更重要的场合。同时，也适用于多个二维数据之间的比较。

(4) 饼图。饼图一般适用于表示一维数据的可视化，尤其是能够直观反映数据序列中各项的大小、总和以及互相之间的比例大小，图表中每个数据系列具有唯一的颜色或图案并且在图表的图例中表示。饼图可以反映某个部分占总体的比例关系，用于对比几个数据在其形成的总和中所占百分比值时最有用，若想表示多个系列的数据可以用环形图。饼图的优点是可以直观反映某个部分占整体的比例，对局部占整体的份额一目了然，用不同的颜色区分局部模块比较清晰。其局限是仅有一个要绘制的数据系列，同时绘制的数值没有负值和零值。

(5) 散点图。散点图适用于三维数据，但其中只有两维数据需要比较。有时为了识别第三维，可以加上文字标识或颜色。散点图展示成对的数和它们所代表的趋势之间的关系。对于每一个数对，一个数被描绘在 X 轴上，一个数被描绘在 Y 轴上。散点图的一个重要作用是可以用来绘制函数曲线，从简单的三角函数、指数函数、对数函数，到更复杂的混合型函数，都可以用它快速地描绘出曲线，所以常用于数学和科学计算中。

(6) 气泡图。气泡图是散点图的一种变形，通过每个点的面积的大小，来反映第三维所表达的信息。如果气泡图加上不同的颜色或标签，就可以用来表示四维数据。气泡图与散点图的不同之处是，气泡图允许在图表中额外加入一个表示大小的变量，这就像以二维绘制包含 3 个变量的图表一样。

(7) 雷达图。雷达图适用于多维数据(四维以上)，且每个维度必须可以排序。它的局限是数据点最多 6 个，否则无法辨别，因此使用场合有限。其优点是能一目了然地了解各个指标的变动情况和其好坏趋势。

8.2.3　不同类型数据和图形的展示

1. 比例大数据可视化

对于比例数据，人们通常想要得到最大值、最小值和总体的分布。整体与部分的比例是基本的呈现形式，这要求这类可视化图既可以呈现各个部分与其他部分的相对关系，还可以呈现整体的构成情况。饼图是常见的呈现方式之一。饼图可以呈现各部分在整体中的比例，能够体现部分与整体之间的关系，但不太适合表示非常精确的数据。

柱形图可以呈现不同类别的数据，堆叠柱形图则可以呈现比例数据，如图 8.6 所示。图中用不同颜色柱形的高度代表每个分类的数值，用总高度代表分类总数值。

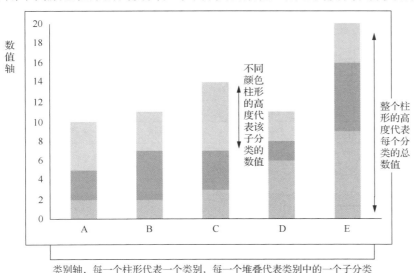

图 8.6　堆叠柱形图

树图可以用来对树形数据进行可视化。矩形树图是一种基于面积的可视化方式，外部矩形代表父类别，内部矩形代表子类别。矩形树图可以呈现树状结构的数据比例关系。其基本框架如图8.7所示。

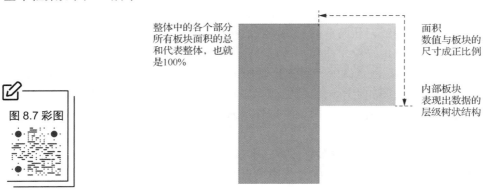

整体中的各个部分所有板块面积的总和代表整体，也就是100%

面积
数值与板块的尺寸成正比例

内部板块
表现出数据的层级树状结构

图8.7 彩图

图 8.7　矩形树图的基本框架

数据中还常常会遇到时间这一属性，所以人们经常会碰到带时间属性的比例数据。例如，对于每个月的居民收入，人们不仅关心每一次的调查结果，也会关心随时间推移调查结果的变化情况，如同月份不同年份的调查结果。假设存在多个时间序列图表，将其从下往上堆叠，填满空白的区域，最终得到一个堆叠面积图，水平轴表示时间，垂直轴的数据范围为0%～100%，如图8.8所示。

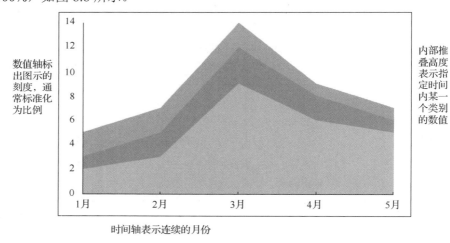

数值轴标出图示的刻度，通常标准化为比例

内部推叠高度表示指定时间内某一个类别的数值

图8.8 彩图

时间轴表示连续的月份

图 8.8　堆叠面积图

2. 关系大数据可视化

关系数据主要包括数据关联性的处理，如散点图、气泡图等，以及数据分布性的处理，如茎叶图、直方图、密度图等。

(1) 数据的关联性。

数据的关联性，其核心就是量化的两个数据之间的数理关系。关联关系强，是指当一个数值变化时，另一个数值也随之相应的发生变化；相反地，关联关系弱，是指当一个数值发生变化时，另一个数值几乎没有发生变化。通过数据关联关系，可以根据一个已知数值变化来预测另一数值的变化。一般通过散点图、气泡图来研究这类关系。

①　散点图不仅可以表示时间数据，还可以用于表示两个变量之间的关系，此时，横轴不是时间而是代表另一个变量的数值。可以根据图表推断出变量之间的相关性，如果变量之间不存在相互关系，那么在散点图上就会表现为随机分布的离散点；反之，如果变量间存在某种相关关系，那么大部分的数据点就会相对密集并呈现出某种趋势。

散点图是用两组数据构成多个坐标点，再通过观察坐标点的分布来判断两个变量之间是否存在某种关系，或总结坐标点的分布模式。但很多时候变量不止两个，因此，应同时考虑多个变量之间的关系。如果一一绘制简单的散点图十分烦琐，此时可以用散点图矩阵来同时绘制多个变量间的散点图，这样可以快速地发现哪些变量之间相关性高，这种方法在数据探索阶段非常有用。散点图矩阵如图 8.9 所示。从图中可以看出，散点图矩形阵通常是方格网布局，在这个方格网中，水平和垂直的方向上都有多个变量，可以满足比较多个变量的需求，其中水平轴上的每一行和垂直轴上的每一列都代表一个变量，左上角到右下角对角线空出来的部分可以加入密度曲线或直方图。

图 8.9 彩图

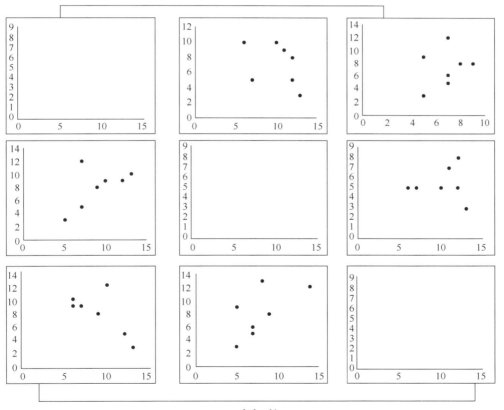

图 8.9　散点图矩阵

② 气泡图与散点图类似，不同之处在于，气泡图允许用户在图表中额外加入一个表示大小的变量，实际上，这就相当于以二维方式绘制包含 3 个变量的图表。气泡由大小不同的标记表示，这种图表类型的优势在于便于同时比较 3 个变量。

(2) 数据的分布性。

可视化可以克服统计学中众数、中位数和平均数等只能描绘一组数据的大概分布情况而不能呈现数据的全貌的缺点。利用图表可以将数据的分布情况一目了然地呈现在用户面前。例如，若图表的曲线平坦，则说明分布均匀；若中心偏左，则说明大部分数据集中在较低的区域，反之，则说明大部分数据集中在取值较高的区域；若曲线呈现正态分布，则说明大部分数据集中在平均数附近。

① 茎叶图的基本思想是将数组或序列中变化不大或不变的数作为茎(主干)，将变化大的数作为叶排在茎的后面，用户可以直观地看到茎叶图中有多少叶，并且每个叶的数值是多少。茎叶图如图 8.10 所示。

茎	叶
1	0 1 1 2
2	2 3 4
3	1 1 2 2 3 6

图 8.10　茎叶图

② 直方图与茎叶图类似，若逆时针翻转茎叶图，则行变成列，若将每一列的数字改成柱形，则得到了一个直方图。直方图是数值数据分布的精确图形表示。直方图反映的是一组数据的分布情况，其水平轴是连续性的，整个图表呈现的是柱形，用户无法获知每个柱形的内部变化情况。而在茎叶图中，用户可以看到具体的数字，但是要求比较数值之间的差距大小并不是很明确，为了呈现更多的细节，人们提出了密度图，可用它对分布的细节进行可视化处理。当直方图分段放大时，分段之间的组距就会缩短，此时依着直方图画出的折线就会逐渐变成一条光滑的曲线，这条曲线就是密度分布曲线，用来反映数据分布的密度情况。密度图如图 8.11 所示。

(3) 文本大数据可视化。

文字是传递信息的最常用载体，文本信息无处不在，人们接收信息的速度已经难以跟上信息产生的速度，而人们对图形的接收能力比枯燥的文字要强很多。目前，人们急需一种高效的信息呈现方式，文本大数据可视化是解决方案之一。文本大数据可视化的目的在于用可视化技术刻画文本和文档，将其中的信息直观地呈现给用户，用户通过感知和辨析这些基本图形元素，从中获取所需的信息。因此，文本大数据可视化的重要原则是帮助用户快速、准确地从文本中提取信息并将其展示出来。

文本可视化的技术方法很多，其中，标签云技术是深受用户喜爱的展示关键词的重要技术之一。它可有效地从数据量巨大、数据类型多样、价值密度低的数据中快速提取有用的信息。由于人们对文本信息需求的多样性，需要从不同的层级提取与呈现文本信息。一般把对文本的理解需求分为三级：词汇级、语法级和语义级。不同层级信息的挖掘方法也不同，词汇级使用各类分词算法，而语法级使用一些句法分析算法，语义级则使用主题抽取算法。文本数据的类别多种多样，一般包括单文本、文档集合和时序文本数据三大类。针对文本数据的多样性，人们提出了多种普适的可视化技术。大数据中文本可视化的基本流程如图 8.12 所示。

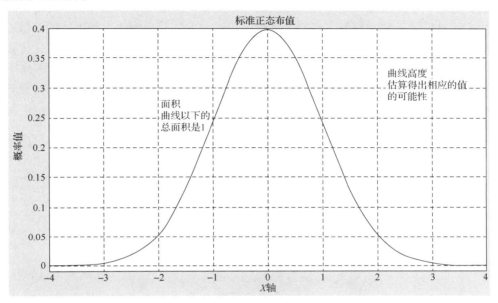

图 8.11　密度图

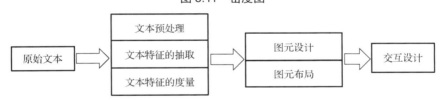

图 8.12　文本可视化流程

　　在文本大数据可视化中，无法将非结构化的文本数据直接用于可视化，需要先对文本信息进行提取。提取文本信息需要采用适当的文本度量方法。向量空间模型是常用的方法之一，在信息检索、搜索引擎、自然语言处理等领域被广泛应用。向量空间模型是使用向量符号对文本进行度量的代数模型，把对文本内容的处理简化为向量空间中的向量运算，并且以空间相似度表达语义相似度。此外，主题抽取法是将一个文档的语义内容描述成为多主题的组合表达，一个主题可以认为是一系列字词的概率分布。主题模型是对文字中隐含主题的一种建模方法，它从语义级别描述文档集中的各个文本信息。文本主题抽取算法大致可以分为两类：基于贝叶斯的概率模型和基于矩阵分解的非概率模型。对于概率模型，其主题被当成多个词项的概率分布，文档可以理解成由多个主题的组合而产生的；而非概率模型，它将词项—文档矩阵投影到 K 维空间中，其中，每个维度代表一个主题。

大数据分析

　　文本大数据可视化可以分为文本内容的可视化、文本关系的可视化以及文本多特征信息的可视化。

　　文本内容的可视化是对文本内的关键信息分析后的展示。可以通过关键词、短语、句子和主题进行展现。一个词语若在一个文本中出现的频率高，那么这个词语就可能是这个文本的关键词，它可以在一定程度上反映出一个文本内容所要表达的含义。关键词可视化常用的方法有标签云和文档散。标签云是根据词语出现的频率提取出频率高的关键词，然后再按一定的顺序和规律将这些词展示出来。文档散是一个在线文本分析可视化工具，通过导入 TXT 格式的文本数据，生成 HTML 格式的可视化图片。文档散使用词汇库中的结构关系来布局关键词，同时使用词语关系网中具有上下语义关系的词汇来布局关键词，从而揭示文本中的内容，如图 8.13 所示。

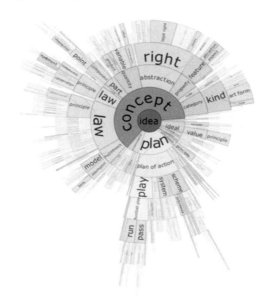

图 8.13　文档散示例

　　除用关键词、主题来总结文本内容外，文本还有其他特征，如词语的分布情况、句子的平均长度、词汇量等，采用文本弧可视化技术不仅可以展示词频，还可以展示词的分布。文本弧具有如下特征：用一条螺旋线表示一篇文章，螺旋线的首尾对应文章的首尾，文章的词语有序地分布在螺旋线上，若词语在文章中出现得比较频繁，则靠近画面的中心区域分布；若词语只在局部出现得比较频繁，则靠近螺旋线分布；字体的大小和颜色的深浅代表词语的出现频率。

　　情感分析是指从文本中挖掘出心情、喜好、感觉等主观信息。现在人们把各类社交网络当作感情、观点的出口，所以分析这类文本就能掌握人们对于一个事件的观点或情感的发展。图 8.14 所示是客户反馈信息的矩阵视图。其中，行是文本(用户观点)的载体，列是用户的评价，颜色表达的是用户评价的倾向程度，红色代表消极，蓝色代表积极，每个方格内的小格子代表用户评价的人数，评价人数越多小格子越大。

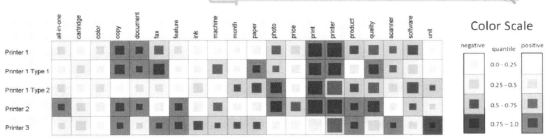

图 8.14　客户反馈信息的矩阵视图

图 8.14 彩图

　　文本关系包括文本内的关系、文本间的关系以及文本集合之间的关系。文本关系可视化的目的就是呈现这些关系。文本内的关系是指词语的前后关系；文本间的关系是指网页之间的超链接关系，包括文本之间内容的相似性、文本之间的引用等；文本集合之间的关系是指文本集合内容的层次性等关系。

　　文本关系可视化的方法主要有词语树、短语网络、星系视图以及文档集抽样投影。词语树是使用树形图展示词语在文本中的出现情况，可以直观地呈现一个词语和其前后的词语。短语网络包括两种属性，一种是节点代表一个词语或短语，另一种是带箭头的连线，表示节点与节点之间的关系，这个关系需要用户定义。短语网络可视化如图 8.15 所示。星系图把一篇文档比作一颗星星，通过投影的方法把所有文档按照其主题的相似性投影为二维平面的点集，星星离得越近则代表文档越相似，因此一个星团可以非常直观地看出文档主题的紧凑和离散。

图 8.15　短语网络可视化

　　对文本数据进行可视化时，可结合文本的多个特征进行分析。例如，对学术文章进行分析时，可以结合摘要、关键词、内容等多个特征，从语义上分析各种文章主题的相似性，从而对文章进行聚类划分，多层面或多维度地提取多种特征对文本集合进行分析。平行标签云结合了平行坐标(该视图在多维大数据可视化中经常使用)和标签云视图，每一列是一个层面的标签云，然后连接的折线展现了选中标签在多个层面的分布，如图 8.16 所示。

图 8.16 彩图

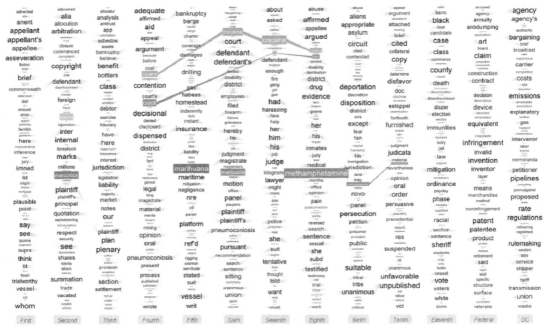

图 8.16　平行标签云可视化

8.3　大数据可视化工具

大数据可视化工具很多，本节主要介绍 Tableau 和 Echarts。

8.3.1　Tableau 的可视化功能

Tableau 的大数据分析功能在第 7 章已有介绍。此外，Tableau 也可以实现数据的可视化展示功能，通过数据的导入，结合数据操作，即可生成可视化的图表，直接展现数据信息。Tableau 操作简单，用户可以将大量数据拖放到数字"画布"上，瞬间就可以创建好各种图表。

一些简单的图形可以通过 Tableau 的 Show Me 功能完成，此外，还可以绘制凹凸图、帕累托图等。

1. 凹凸图

以某个超市的各部门销售额为例，绘制如图 8.17 所示的凹凸图。从图 8.17 中可以看出各个部门之间的销售额差异。

凹凸图的绘制步骤如下。

(1) 首先需要考虑度量单位，根据这些度量单位对要测量的维度进行排名。这里采取的度量单位是销售额，测量维度是部门。

(2) 借助计算模块制作凹凸图表。快速创建一个如图 8.18 所示的计算式，对每个部门的销售额进行排名。

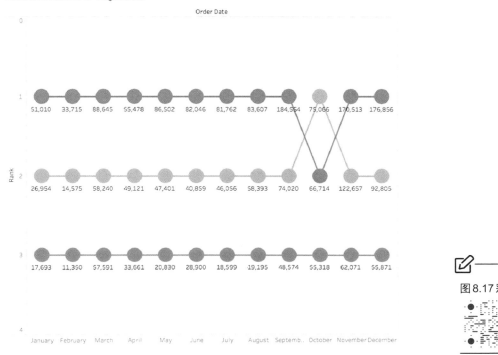

图 8.17　各部门销售额的凹凸图

图 8.18　对各部门的销售额排名

(3) 将"订单日期"的数据拖动到列中，并将格式更改为月。在标记窗格中将 Segment 拖动到 Marks Pane 中。最后将 Rank 拖动到行中。

(4) 在目前可以看到的图表中，排名是根据月份销售额分配的。但是，实际需要它们根据各部门计算，因此，右键单击行中的排名，然后转到编辑表格界面进行计算。

(5) 因为希望分部门计算，所以按图 8.19 所示更改相关配置。

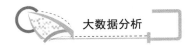

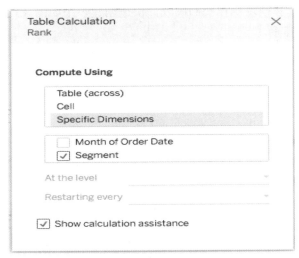

图 8.19　更改配置

图8.20彩图

　　由此获得的图表还缺少标签，可以在双轴(Dual Axis)的帮助下快速建立标签。

　　(6) 再次将"Rank"拖动到行，并重复步骤(4)和(5)，结果如图 8.20 所示。

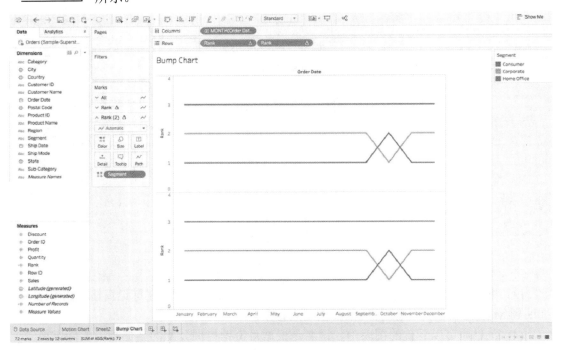

图 8.20　增加排名后的图表

(7) 要将上述内容转换为双轴图表，可右键单击第 2 个图表的 Rank 轴，并选择"双轴"命令。

(8) 在 Marks Pane 中，使用 Rank 或 Rank(2)，可以将标记类型更改为圆形。

(9) 这里的排名按降序排列。若要将其更改为升序，可以右键单击左侧的 Rank 轴，依次选择"编辑轴"→"反向比例"命令。对右边的 Rank 轴重复同样的操作。

(10) 将"销售额"的数据拖动到标签，快速表计算→总计百分比上，即可获得凹凸图。

2．帕累托图

下面介绍帕累托图的画法，仍以销售额为例。

(1) 绘制如图 8.21 所示的柱形图，X 轴为子类别，Y 轴为销售额，图表按降序排列。

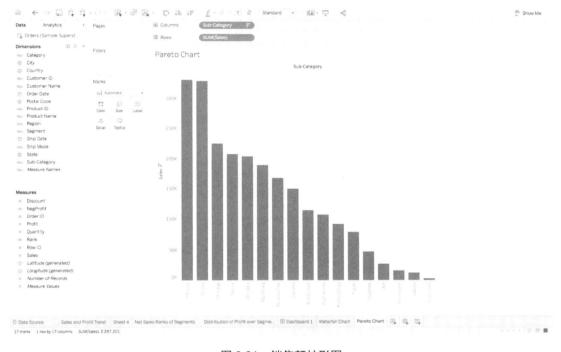

图 8.21　销售额柱形图

(2) 将销售额拖动到图表上，直到看到绿色突出显示的条形和最右边的虚轴，如图 8.22 所示。

(3) 再次加入销售额以创建双轴。将第 1 个图表的标记类型更改为条形图，将第 2 个图表更改为直线，结果如图 8.23 所示。

(4) 右键单击第 2 个绿色的销售额按钮，并为其添加总计计算，结果如图 8.24 所示。

大数据分析

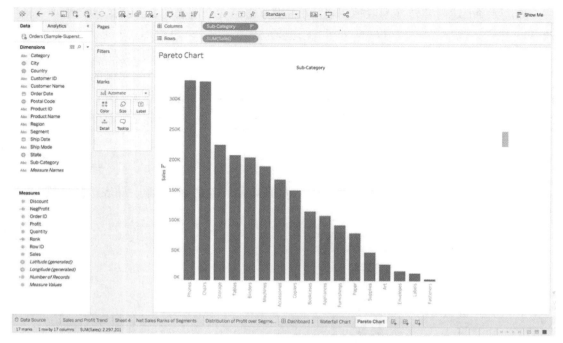

图 8.22　销售额柱形图

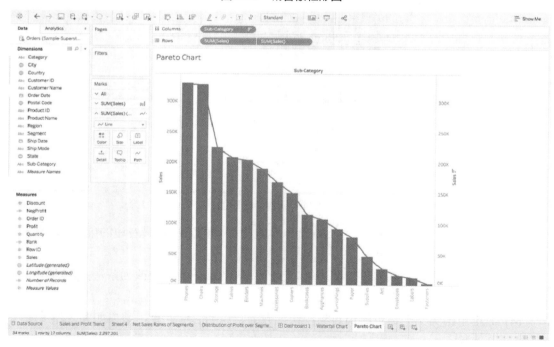

图 8.23　创建双轴图

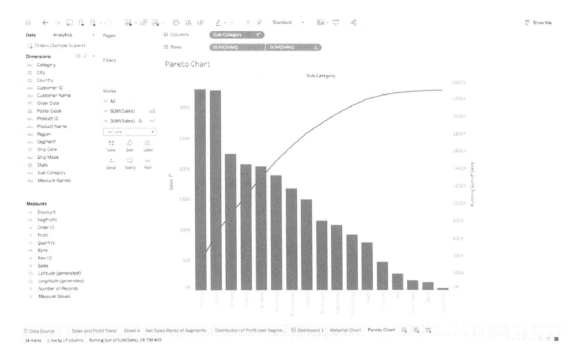

图 8.24　帕累托图

最后可以根据需要改变配色方案。

Tableau 还可以绘制很多种可视化图形，感兴趣的读者可以关注其官网学习社区和博客。

8.3.2　ECharts 工具简介

ECharts(Enterprise Charts，商业产品图表库)是使用 JavaScript 实现的开源可视化库，是一个商业级数据图表工具，可以流畅地运行在计算机和移动设备上，兼容当前绝大多数浏览器，底层依赖轻量级的 Canvas 类库 ZRender，提供直观、生动、可交互、可高度个性化定制的大数据可视化图表。创新的数据视图、值域漫游等特性大大增强了用户体验，赋予了用户对数据进行挖掘、整合的能力。

ECharts 支持折线图(区域图)、柱状图(条状图)、散点图(气泡图)、K 线图、饼图(环形图)、雷达图(填充雷达图)、和弦图、力导向布局图、地图、仪表盘、漏斗图、事件河流图共 12 类图表，同时提供图例、值域、数据区域、时间轴、工具箱等 7 个可交互组件，支持多图表、组件的联动和混搭展示。

下面介绍 ECharts 的下载和使用。

(1) 打开 ECharts 官网，单击顶部的"下载"菜单，如图 8.25 所示。

(2) 在下载界面可以看到两个版本，根据需要进行选择。

图 8.25 下载界面

配置项查找方式如下。

(1) 在 ECharts 官网，单击顶部的"文档"菜单，在下拉菜单中选择"配置项手册"命令。

(2) 在配置项界面中有各种图形的详细配置项与使用方式介绍。

(3) 当需要使用某种图形，又不知道有哪些属性可以使用时，可以在此界面找到使用方式，如图 8.26 所示。

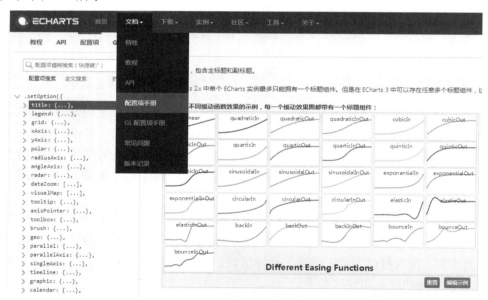

图 8.26 配置项界面

官方实例使用方式如下。

(1) 在 ECharts 官网，单击顶部的"实例"菜单，在下拉菜单中选择"官方实例"命令，如图 8.27 所示。

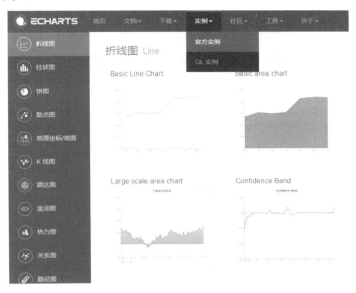

图 8.27　实例界面

（2）在界面左侧列出的是 ECharts 支持的各种类型的图表，如折线图、柱状图、饼图、散点图、地图、K 线图等，可以根据要分析数据的特点，选择合适的图表，每种图表中又有多种样式的图形可供选择。

（3）选择图表类型，如饼图，在界面右侧会显示各种饼图实例，按照实际需要，单击对应图形即可进入明细页，如图 8.28 所示。在饼图中有 Nightingale's Rose Diagram、Doughnut Chart、Default arrangement 等多种图形可供选择，根据数据特点、分析的背景以及需求可以选择不同的图形进行展示，以更好地发挥可视化的优势。

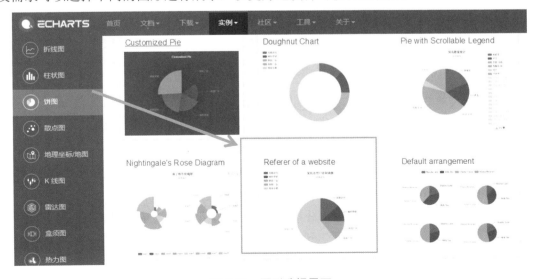

图 8.28　图形选择界面

(4) 在具体图形的明细页，左侧是 ECharts 图形的配置项，右侧是效果展示。可以根据实际数据修改左侧的代码，将官网上的示例数据替换成需要展示的数据，从而实现数据的可视化。单击"运行"按钮即可实时看到效果，如图 8.29 所示。

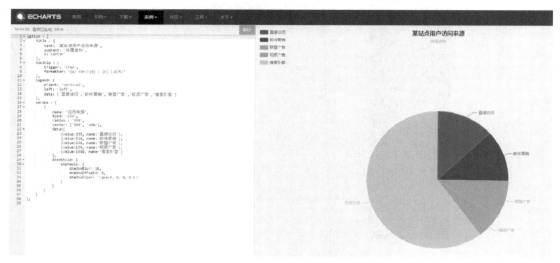

图 8.29　图形效果展示

ECharts 提供了常规的折线图、柱状图、散点图、饼图、K 线图，用于统计的盒形图，用于地理大数据可视化的地图、热力图、线图，用于关系大数据可视化的关系图、treemap、旭日图，多维大数据可视化的平行坐标，还有用于商业智能的漏斗图、仪表盘，并且支持图与图之间的混搭。除了已经内置的包含了丰富功能的图表，ECharts 还提供了自定义系列，只需要传入一个 renderItem 函数，就可以从数据映射到任何想要的图形。更方便的是，这些图形都可以和已有的交互组件结合使用。可以在下载界面下载包含所有图表的构建文件，如果觉得包含所有图表的构建文件太大，也可以在在线构建中选择需要的图表类型后自定义构建。因此，利用 ECharts 可以生成直观、生动、可交互、可高度个性化定制的大数据可视化图表。

本 章 小 结

本章首先介绍了大数据可视化的含义、作用和应用领域，使读者对可视化有充分的了解和认知，并通过介绍目前可视化的应用背景，明确可视化的重要意义和价值。然后介绍了常见的图形展示类型，让读者掌握大数据可视化的流程、原则和基本方法，同时结合比例型数据、关系型数据和文本型数据分别给出了不同类型数据对应的可视化方法。最后介绍了两种常用的大数据可视化工具 Tableau 和 ECharts，使读者对大数据可视化常用工具有一个全面的了解。

【关键术语】

(1) 可视化 　　　　 (2) 视觉编码 　　　　 (3) 可视化的隐喻
(4) 信息记录 　　　　 (5) 信息推理 　　　　 (6) 信息分析

习　　题

1. 选择题

(1) 以下不是大数据可视化要寻找的信息的是(　　　)。
　　A．关系 　　　　 B．异常 　　　　 C．模式 　　　　 D．形式
(2) 以下不属于大数据可视化作用的是(　　　)。
　　A．信息记录 　　 B．信息分析 　　 C．信息挑错 　　 D．信息推理
(3) 以下不属于大数据可视化的原则的是(　　　)。
　　A．美学因素 　　 B．交互设计 　　 C．闭合原则 　　 D．可视化的隐喻
(4) (　　　)允许用户在图表中额外加入一个表示大小的变量。
　　A．柱形图 　　　 B．明度 　　　 C．直方图 　　　 D．气泡图
(5) 雷达图的局限性表现在(　　　)。
　　A．数据点有限 　　　　　　　　 B．只适用于三维图
　　C．图形不清晰 　　　　　　　　 D．对数据差异不敏感
(6) 以下不适合表示关系型数据的是(　　　)。
　　A．散点 　　　　 B．直方图 　　　 C．茎叶图 　　　 D．饼图

2. 判断题

(1) 可视化技术可以帮助人们发现数据中蕴含的规律，理解数据的内涵。 (　　)
(2) 信息图和可视化是同一个含义。 (　　)
(3) 大数据可视化包括确定数据主题、提炼数据、选择正确的图表类型和可视化设计这 4 个步骤。 (　　)
(4) 散点图一般适用于一维数据的可视化。 (　　)
(5) Tableau 软件既有数据分析功能，也有数据可视化功能， (　　)
(6) ECharts 是使用 JavaScript 实现的开源可视化库。 (　　)

3. 简答题

(1) 简述大数据可视化的概念。
(2) 大数据可视化的作用有哪些?
(3) 举例说明大数据可视化的应用。
(4) 简述大数据可视化的基本原则。
(5) 简述统计图表可视化的方法。
(6) 文本可视化的方法有哪些?

参 考 文 献

Wrox 国际 IT 认证项目组, 2017. 大数据分析师权威教程: 机器学习、大数据分析和可视化[M]. 姚军, 译. 北京: 人民邮电出版社.

阿布, 胥嘉幸, 2017. 机器学习之路: Caffe、Keras、scikit-learn 实战[M]. 北京: 电子工业出版社.

陈燕, 2016. 数据挖掘技术与应用[M]. 2 版. 北京: 清华大学出版社.

陈志德, 曾燕清, 李翔宇, 2017. 大数据技术与应用基础[M]. 北京: 人民邮电出版社.

樊重俊, 刘臣, 霍良安, 2016. 大数据分析与应用[M]. 上海: 立信会计出版社.

何光威, 2018. 大数据可视化[M]. 北京: 电子工业出版社.

黄红梅, 张良均, 2018. Python 数据分析与应用[M]. 北京: 人民邮电出版社.

姜枫, 许桂秋, 2019. 大数据可视化技术[M]. 北京: 人民邮电出版社.

蒋盛益, 张钰莎, 王连喜, 2015. 数据挖掘基础与应用实例[M]. 北京: 经济科学出版社.

库巴特, 2016. 机器学习导论[M]. 王勇, 仲国强, 孙鑫, 译. 北京: 机械工业出版社.

莱道尔特, 2016. 数据挖掘与商务分析: R 语言[M]. 宋涛, 王星, 曹方, 译. 北京: 机械工业出版社.

李航, 2019. 统计学习方法[M]. 2 版. 北京: 清华大学出版社.

李联宁, 2016. 大数据技术及应用教程[M]. 北京: 清华大学出版社.

李裕奇, 赵联文, 王沁, 等, 2018. 概率论与数理统计[M]. 5 版. 北京: 北京航空航天大学出版社.

林子雨, 2015. 大数据技术原理与应用: 概念、存储、处理、分析与应用[M]. 北京: 人民邮电出版社.

刘红阁, 王淑娟, 温融冰, 2015. 人人都是数据分析师: Tableau 应用实战[M]. 2 版. 北京: 人民邮电出版社.

娄岩, 2017. 大数据技术概论[M]. 北京: 清华大学出版社.

茆诗松, 程依明, 濮晓龙, 2004. 概率论与数理统计教程[M]. 北京: 高等教育出版社.

宁兆龙, 孔祥杰, 杨卓, 等, 2017. 大数据导论[M]. 北京: 科学出版社.

潘泽清, 2017. 时间序列分析: 宏观经济数据分析模型[M]. 北京: 经济科学出版社.

齐晓峰, 王宏新, 2016. 管理统计学[M]. 北京: 冶金工业出版社.

邱南森, 2014. 数据之美: 一本书学会可视化设计[M]. 张伸, 译. 北京: 中国人民大学出版社.

阮敬, 2017. Python 数据分析基础[M]. 北京: 中国统计出版社.

王国平, 2017. Tableau 数据可视化从入门到精通[M]. 北京: 清华大学出版社.

王建军, 宋香荣, 2016. 现代应用统计学: 大数据分析基础[M]. 北京: 机械工业出版社.

吴怀宇, 2004. 时间序列分析与综合[M]. 武汉: 武汉大学出版社.

杨正洪, 2016. 大数据技术入门[M]. 北京: 清华大学出版社.

喻梅, 于健, 2018. 数据分析与数据挖掘[M]. 北京: 清华大学出版社.

张发凌, 2017. 实战大数据分析: Excel 篇[M]. 北京: 北京希望电子出版社.

赵守香, 唐胡鑫, 熊海涛, 2015. 大数据分析与应用[M]. 北京: 航空工业出版社.

周苏, 冯婵璟, 王硕苹, 等, 2016. 大数据技术与应用[M]. 北京: 机械工业出版社.

周苏, 王文, 2016. 大数据导论[M]. 北京: 清华大学出版社.

周英, 卓金武, 卞月青, 2016. 大数据挖掘: 系统方法与实例分析[M]. 北京: 机械工业出版社.

周志华, 2016. 机器学习[M]. 北京: 清华大学出版社.